湖北古民居传承与创新研究

第一卷

鄂东南古民居

中南建筑设计院股份有限公司　编著
郭和平　吴　双　著

中国建筑工业出版社

湖北古民居传承与创新研究
本卷编委会

序 | Preface

“地利西通蜀，天文北照秦；风烟含越鸟，舟楫控吴人。”诗圣杜甫笔下的湖北大地，令多少人为之心驰神往；而这方土地孕育的湖北传统建筑文化，又令多少人为之魂绕梦牵！

湖北古民居是湖北传统建筑文化的重要组成部分，在湖北传统建筑发展史上的地位举足轻重。要探讨湖北古民居的传承与创新，有必要对湖北传统建筑文化的演进轨迹予以简要勾勒。

湖北传统建筑文化的源头，从考古发现的信息来看，至少可以追溯到新石器时代中期，其代表性建筑文化遗迹即枣阳雕龙碑遗址，距今已经有6000多年。该遗址共发掘出不同形式的房屋建筑基址70余座，具有黄河中游仰韶文化和长江中游大溪文化的双重特色，体现出两种文化的交流与融合。雕龙碑民居已开始使用糯米拌三合土的建筑材料，可视为混凝土的前身；房屋结构为单元式，普遍使用了推拉式结构的房门。这些建筑技术在当时无疑是十分先进的，它极大地增强了建筑的稳固性和持久性，充分反映出湖北原始先民对建筑的合理利用与规划。

新石器时代湖北先民在建筑文化方面的智慧和创造力，同样体现在距今5000多年的应城门板湾屈家岭文化遗址中。该遗址不仅发现了面积超过20万平方米的城址，而且发现了面积达110平方米的“四室一厅”外带走廊的民居，周围还有400多平方米的大型院落。尤其值得注意的是，民居墙壁还发现了迄今所见我国年代最早的窗，且窗框、窗楣、窗台和窗扇枢轴等都清晰可辨。这是我国至今所知面积最大、保存最好的新石器时代民居建筑，体现出湖北原始社会民居先进的建筑理念与技艺。

距今约4600年的天门石家河文化遗址，是长江中游地区新石器时代面积最大、规格最高、延续时间最长、保存最完整的大型都邑性聚落群，古城总面积约350万平方米，城中古民居的面貌尚待考古工作者逐步揭开。

武汉盘龙城遗址是长江流域已知等级最高、遗址内涵丰富的商代前期遗址，聚落群的布局以城址为中心，四周分布不同类型的遗址，其中北、南、西三面都发现有小型建筑基础，应是居民房屋遗迹。

湖北境内西周时期的民居发现于蕲春毛家咀，建筑为木结构。该遗址面积2.5万平方米左右，木构建筑遗迹在5000平方米以上。通过对两处相距700多米的建筑遗迹进行发掘，发现其中一处有木柱109根，每根直径20厘米左右，周围残存一些排列整齐的木板墙，板宽25厘米左右、厚2.5厘米左右，根据其分布状况，可分辨出呈L形排列的三个毗邻房间，两间保存完好者均长8米、宽4.7米，应是一处大型建筑的组成部分。三间房子的西北面保存有较多的建筑残迹，共发现45根木柱和一段4米长的木板墙，以及木质阶梯的残迹，东面则发现有平铺的大块木板。另一处建筑遗迹的情况与之相仿，只是保存状况较差。种种迹象表明，这是一座规模较大的干阑式建筑遗迹，显然是受到了古百越文化的影响。

春秋战国时期湖北地区最具代表性的建筑遗址，莫过于荆州纪南城楚郢都遗址和潜江龙湾楚章华台遗址。纪南城遗址面积约16平方公里，建造者将两条天然河纳于城中，既作功能分区之界标，把城内分为宫殿区、居民区、作坊区和商贸区，又起到保障水源、净化空气、改善交通、优化环境的功用，尤其陆门和水门的分设，使水陆分流和人车分流得以实现。章华台遗址面积达280多万平方米，典型的南国水乡离宫别馆布局，北高南低，错落有致；台内回廊穿梭于三个层台之间，台外东、南、西三面有贝壳路环绕，台北有回廊—天井组合的庭院；台周为亭廊结合的曲廊，台东直通汉水，台西濒临湖泊。整座建筑群虽由人作、宛自天开，代表湖北乃至我国东周时期建筑园林的最高水准。

秦汉时期湖北的地面建筑已荡然无存，即便是被明代计成《园冶》奉为我国私家园林鼻祖的襄阳习家池（由东汉襄阳侯习郁所建），如今也仅存明正德年间修建的重檐二层六角亭。幸好有云梦出土的东汉陶楼，使人们得以目睹当时农家富庶院落的缩影，尤为令人称奇的是发现了或许是史上最早的百叶窗，体现了时人对建筑与气候等自然环境关系的认知能力。

魏晋南北朝时期的湖北建筑，闻名于世的应该是始建于公元223年的黄鹤楼了，惜其屡兴屡废，已难窥其原貌。

隋唐时期湖北幸存的建筑是始建于唐代的黄梅四祖寺毗卢塔，塔身重檐飞角，气宇轩昂，仿佛正深深地关切着大千世界的芸芸众生。

宋代湖北的建筑只有位于武汉汉阳月湖之滨的古琴台，其始建于北宋，重修于清嘉庆初年，属于典型的庭院式建筑。

始建于元至正年间的咸丰唐崖土司城，占地74万平方米，惜地面建筑仅存“荆南雄镇”牌坊。初建于元、扩建于明、重建于清的襄阳米公祠，堪称南北建筑文化交融的标本。

湖北境内的明清建筑尤其是清代建筑甚多，如宫观有武当山明代古建筑群，陵寝有钟祥明显陵，古民居更是遍布于全省各地，尤以鄂东大别山和鄂南幕阜山腹地保存较多，为湖北古民居传承与创新研究提供了珍贵的实物资料。

虽说湖北传统建筑文化珠玉在前，但实际上似乎没有引起人们的足够重视，这种现象在全国都具有一定的普遍性。毫不讳言，尽管我国在传统建筑文化的传承与发展方面取得了一些成绩，但在城镇建设上则仍存在以下问题：一是大拆大建。以城区改造和乡村整治为名，“擦黑板”式地拆除历史街区和乡村传统建筑，使城镇乡村的历史文化脉络惨遭“腰斩”。二是崇尚西化。某些地方盲目照搬西方建筑样式或直接抄袭西方建筑符号，大搞所谓“欧式一条街”或“美式街区”，甚至以“洋名”为荣，如“加州水岸”“普罗旺斯”“罗马花园”“东方曼哈顿”等比比皆是，“直把他乡作故乡”。三是食古不化。对中国传统建筑文化缺乏深入研究，生吞活剥地应用于城市街区、村镇建设乃至旅游开发中，以致“唐宫宋城”“明院清街”遍地开花。四是追奇逐怪。一些奇形怪状的建筑严重违背科学规律，偏离设计原则，建筑形式与功能相抵牾，建筑风貌与环境相扞格，且安全隐患甚多，造价昂贵。五是风格杂乱。美其名曰是独树一帜，实质上是国内外知名建筑的变体和拼凑，甚至出现了一些风马牛不相及的组合，显得不伦不类。正是由于以上乱象的存在，城市街区和村镇建设在某种程度上陷入“千城一面”“千村一貌”的窘境。

上述城乡建设中的不和谐现象，已引起中央和国家有关部委的高度重视，中央为此召开了城镇化工作会议，大会报告指出：“要依托现有的山水脉络等独特风光，让城市融入大自然，让居民望得见山、看得见水、记得住乡愁；要尽快把每个城市特别是特大城市开发边界划定，把城市放在大自然中，把绿水青山留给城市居民；要注意保留村庄原始风貌，慎砍树、不填湖、少拆房，尽可能在原有村庄形态上改善居民生活条件；要传承文化，发展有历史记忆、地域特色、民族特点的美丽城镇。”中央指示精神同习近平总书记视察湖北时提出的“荆楚派”建筑理念是高度一致的，是我们城乡建设工作的指导方针。

当今世界正经历百年未有之大变局，建筑领域面临的最大挑战，就是要从根本上打破全球建筑风格趋同的局面，在世界建筑“各美其美，美美与共”的文明进程中贡献中国智慧和中国方案，使中国建筑真正屹立于世界当代建筑之林。而要实现这一宏伟目标，就必须深入挖掘中国优秀地域建筑文化的内涵，精心提炼其代表性元素和符号，在与各种建筑文化的交流互鉴中，构建具有当代中国特色、中国气派的建筑理论和方法体系，展现中华建筑文化的独特风采和魅力。

习近平总书记指出，荆楚文化是悠久的中华文明的重要组成部分，在中华文明发展史上地位举足轻重。为了彰显荆楚建筑文化的特质，助力湖北乃至全国城市的改造和乡村建设，中南建筑设计院荆楚建筑研究中心的全体同仁在深入调查研究的基础上，焚膏继晷，殚精竭虑，撰写了“湖北古民居传承与创新研究”系列专著，潜心研读，深感有如是特色：一是提示精要。通过对荆楚建筑系统而深入地研究，提炼出荆楚建筑的突出特色、基本风格和美学意蕴，为荆楚建筑的理论与实践提供基本遵循。二是因地制宜。在广泛调查研究湖北古民居的前提下，按不同的风貌片区分别甄选出代表性的建筑案例、特色建筑元素和地区建筑符号，便于不同片区在传统建筑保护修复、当代建筑创新发展中参考借鉴。三是同中求异。通过与湖北周边省份建筑特色的反复比较，归纳出湖北与相邻省份建筑特色的同与异，探讨其形成的内在原因，以利于建筑实践中的交流互鉴和共同提高。四是典型示范。结合不同案例的解剖，为荆楚建筑保护传承和创新发展提供不同类型的蓝本，供建筑设计者和施工方选择参考。

承蒙作者厚爱，嘱余序之，虽力有不逮，又恐却之不恭，聊发数语，权以为序。

刘玉堂

湖北省社会科学院原副院长、华中师范大学特聘教授

前言 | Foreword

“当我们来到一个城市，首先看到的是它的建筑。”

——贝聿铭

“湖北古民居传承与创新研究”是服务于当代荆楚建筑传承创新的基础研究。改革开放数十年来，一座座地标建筑拔地而起，一个个新建小区纷纷落地，一处处新农村变换新颜，极大地改变了湖北省的城乡面貌。同时，由于在建设中过于注重发展速度、聚集规模和经济指标，导致大量宝贵的古代建筑遗存遭到毁坏。在全球一体化的浪潮中，受西方的建筑理念裹挟，很多城市盲目提出“建设国际化大都市”的目标，崇洋之风盛行，重要的“标志性”建筑设计，不少出自外国人，有的项目甚至直接拷贝省外或国外的设计，致使我国城乡建筑的地域特色越来越弱。2011年2月1日，人民日报发表倪光辉的署名文章，首次谈到《“千城一面”是城市之悲》：“随着城市化进程的加快，大大小小的城市在我们眼前变得‘摩登’起来：一样的玻璃幕墙、一样的立交桥、一样的大广场……从繁华的商业步行街到高耸林立的写字楼，大规模的建设使城市面貌发生巨大的变化，用现代化的‘面子’装点城市的结果，使城市原来各具特色的风貌逐渐消退，南方北方一个样，大城小城一个样，城里城外一个样。”[1]当我们来到不同的城市，除了它们的名字被区分之外，城市的特色却无法区分。漫步其中，“独在异乡为异客”的感觉，已经成为一种久违的体验。

习近平总书记2013年7月到湖北省视察，针对省内新农村建设中大量模仿徽派建筑样式的现象作出指示，湖北有悠久的历史文化，为什么要搞徽派建筑，应当搞“荆楚派”。“荆楚派”建筑，是习近平总书记提出的一个新概念，是对湖北省摆脱城乡建筑抄袭之风、创造新时代湖北独特建筑风貌的殷切期盼。在湖北省委、省政府领导下，住房和城乡建设厅于2013年8月至2014年11月组织有关科研院所和大专院校，以“荆楚派”建筑为主题展开理论研究，形成了由“荆楚文化与荆楚建筑”“荆楚建筑探源”“湖北古代建筑研究”“湖北近代建筑风格研究”“湖北现代建筑风格特色研究”“湖北民居建筑特色研究”“湖北村镇特色风貌研究”七个专题组成的《荆楚建筑风格研究》专著，为荆楚建筑传承与创新研究的开端。

在上述研究中，我们首先对“荆楚建筑”相关的概念进行了初步界定。

荆楚　“荆楚”并提，最早出现在《诗经·商颂·殷武》中：“维女荆楚，居国南乡。”当时的荆楚，仅限于当今鄂北荆山和豫南雎山之间的窄小地区。后来楚国有了很大发展，《战国策·楚策一》记载：“楚，天下之强国也。楚地西有黔

---

[1] 倪光辉．“千城一面”是城市之悲[N]．人民日报，2011-02-01.

中、巫郡，东有夏州、海阳，南有洞庭、苍梧，北有汾陉之塞、郇阳，地方五千里。”在楚国鼎盛的411年间，即楚文王元年（前689年）到楚顷襄王二十一年（前278年），一直定都于现在荆州的“纪南城”。因为楚国的起源、发展、鼎盛期都在湖北，并长期以江汉平原为政治、经济、文化中心，因此后人习惯用“荆楚”代指湖北。

楚地　古代楚国疆域很大，鼎盛时期横跨今天的十一个省，兼县三百余个，虽然时有得失，但其长期管辖的地区，仍然包括今天两湖的全域和重庆、贵州、河南、安徽、江苏、江西的部分地方。后来，这些地方的文人志士常常自称“楚人”“楚狂人”。

楚建筑　指古代楚人创造的建筑。

荆楚建筑　泛指湖北境内从古至今的建筑。

楚风建筑　泛指具有楚文化特点的建筑，其存在范围超出了湖北。

“荆楚派”建筑　一种建筑风格要形成“派”，有四个条件：①有关于这种建筑风格的系统理论；②有一批擅长这种建筑风格的设计团队和代表人物；③有一系列体现这种建筑风格的代表作品；④这种建筑风格要得到社会认可，并形成广泛的社会影响。用这四个标准来判断，“荆楚建筑”显然还没有成“派”。习近平总书记提出“荆楚派”建筑，是一种愿景，是期盼当代湖北建筑能够体现荆楚文化的优秀传统、展现湖北独特的地域风格，是对湖北人民的勉励。所以，“荆楚派”建筑是指具有荆楚文化特色的当代湖北建筑。

在上述研究中，我们还将相关考古资料、历史文献、出土文物、汉代画像砖、湖北古民居遗存作为“荆楚建筑”研究的五大基石，同时认为应当把湖北古民居研究放在最重要的地位。因为湖北是古代楚国兴盛期的政治、经济、文化的中心，湖北古民居产生于古代楚国的腹地，是延续着楚人文化血脉的生活载体，这些建筑展现的地域特征和文化特色具有无可辩驳的实证力；它们沉淀了楚地先民因地制宜、因材施用的营造智慧，表现出灵动浪漫、兼容并包的文化精神，至今仍然具有很强的借鉴意义；湖北地域广阔，气候多样，民族众多，不同地区的古民居在悠久的历史流变中演化出差异，对丰富湖北当代地域建筑的特色具有宝贵的参考价值。

虽然深知古民居研究的重要性，但前期研究中，我们的重点任务，是从宏观的角度确立“荆楚派”建筑的基本概念、历史成因和主要特点，受时间所限，未能对湖北广大地区丰富的古民居遗存进行系统调查和深入研究，但这项工作，一直是所有参与前期研究同志们的心愿，也是当前工作在荆楚建筑创新第一线同志们的强烈诉求。在各级领导关怀下，中南建筑设计院于2017年成立了“荆楚建筑研究中心”，自中心成立之日起，我们就开始有计划地对湖北省古民居展开系统调查，这项工作得到湖北省人民政府文史研究馆的大力支持，并将湖北省古民居调研列为最近数年文史馆的重点任务。通过历年调研，我们不仅获得了丰富的第一手资料，还发现湖北古民居具有突出的地域特色和浓郁的荆楚遗风，使我们对习近平总书记提出的“荆楚派”建筑理念有了更深刻的认识，对荆楚建筑传承与创新有了更坚定的信心。

“湖北古民居传承与创新研究”的编撰，以湖北省古民居实地调查为基础，以其他学者的相关研究为补充，将湖北古民居的调查资料按五个风貌片区进行汇编，并分区萃取特色符号，分区阐述建筑特点；采用“同中求异”的方法，通过与周边各省古民居的横向对比，进一步明确湖北省传统建筑的总体风貌和与各风貌片区地的风格差异；结合国内外当代新地域建筑的研究动态和典型案例，探讨当代荆楚建筑传承与创新的目标、路径和手法。本书照片均为作者和项目组所摄。

祈望我们的研究，能使当前盲目跟风的发展模式、照抄外地建筑的行为有所改观，对当代荆楚建筑的“创新型转化，创造性发展”有所帮助，为书写伟大中国梦的湖北篇章略尽绵薄之力。

郭和平

目录 | Contents

上篇

绪论

第一章

研究概述

一、研究背景

1999年6月23～29日，国际建协第20届世界建筑师大会一致通过吴良镛起草的《北京宪章》。这一宪章被公认为指导21世纪建筑发展的纲领性文献，标志着吴良镛的广义建筑学与人居环境学说得到全球建筑师的普遍认同。早在20世纪50年代，国外建筑界就开始了对“学院派”和“国际式”建筑的评判。1956年在南斯拉夫杜布罗夫尼克召开的国际建协第10次会议，以阿尔多·凡·艾克为首的一批年轻建筑师，公开向国际式建筑挑战，反对以功能主义、机械美学为基础的现代建筑理论和实践，导致国际建协在1959年荷兰鹿特丹举行的第11次会议上宣告解散。美国著名规划建筑专家刘易斯·芒福德在《城市发展史：起源、演变和前景》一书中，对现代都市的发展前景深感担忧，并从城市起源、城市发展的内在基因出发，提出建构地域性都市的理论[1]。20世纪60年代，以曼弗雷多·塔夫里（Manfredo Tafuri）、阿尔多·罗西（Aldo Rossi）、罗伯特·文丘里（Robert Venturi）为代表的一大批年轻建筑师，掀起反对国际式风格的后现代主义浪潮。文丘里作为后现代建筑的旗手，发表的著作《建筑的复杂性和矛盾性》和《向拉斯维加斯学习》成为后现代主义建筑的宣言，反对“少就是多”的现代建筑格言，主张从历史建筑和民俗环境中寻找设计灵感。他的设计从历史街区的霓虹灯、广告牌、快餐馆、商标中汲取灵感，正好反映了大众的喜好。他的费城富兰克林故居、费城母亲之家、伦敦国家美术馆等作品，都成了后现代建筑的代表作。至此，国际式建筑的铁幕被撕开，新古典主义、解构主义、新现代主义、极简主义、高技派、白色派、银色派、奇异建筑等各种流派纷纷“出笼”，国际建坛一度异彩纷呈，甚至呈现出看似混乱的局面。当今国际上各种新地域建筑设计风潮，就是对全球建筑文化单极化的一种反叛。吴良镛的《北京宪章》，针对技术全球化带来的人与传统地域分离、文化多样性逐渐消失、城市特色逐渐隐退、建筑风格逐渐趋同的危机，提出“现代建筑的地区化，乡土建筑的现代化，殊途同归，推动世界和地区的进步与丰富多彩”的21世纪建筑发展对策，扭转了长期以来西方建筑理论占主导地位的局面。

21世纪以来，国际上许多著名建筑师把大量精力用于展现建筑的地域特色，为我们作出表率。如我们熟悉的美国建筑师文丘里、贝聿铭，瑞士建筑师马里奥·博塔（Mario Botta），英国建筑师詹姆斯·斯特林（James Stirling），印度建筑师查尔斯·柯里亚（Charles Correa），日本建筑师安藤忠雄（Tadao Ando）、隈研吾（Kuma Kengo）等，数不胜数。他们结合地域性与当代性创作的优秀建筑更是精彩纷呈，并逐渐汇成一股新地域主义建筑的潮流。在新的世纪，建筑业飞速发展，我国

[1] 刘易斯·芒福德. 城市发展史：起源、演变和前景[M]. 宋俊林，等译. 北京：中国建筑工业出版社，2005.

许多优秀建筑师也结合地域文化传统大胆创新，产生了许多优秀作品，但面对巨大的建设量，这些作品只是凤毛麟角，不足以解决我国城镇建筑存在的问题。

我国当前城镇建设普遍存在下列问题。①急功近利："檫黑板"式地拆除历史街区和建筑遗存，使城镇的文化脉络遭到破坏；②崇洋媚外：有的城市盲目崇尚西方建筑理念，重要项目非要挂上国外设计师的名号，其实大量设计作品是国内公司代劳，代价高昂；很多项目更是直接采用"加州水岸""普罗旺斯""罗马花园""东方曼哈顿"等名称，直把"他乡当故乡"；③照抄照搬：盲目抄袭外地乃至外国的建筑样式或建筑符号，与地方建筑文化传统格格不入；④肆意仿古：大吹"复古风"，脱离地方文脉、违背建筑形制的明清老街、唐宫宋城如雨后春笋般冒出；⑤求奇求怪：一些"奇奇怪怪"的建筑，严重违背科学规律，偏离设计原则，建筑形式与功能相抵牾，留下很多设计隐患，与环境格格不入，代价十分高昂；⑥风格杂乱：偏离城市设计的基本规律，每栋建筑都要追求"标志性"，其实不过是省内外或国内外知名建筑的变体。这些存在问题使我们的城镇建筑看起来热热闹闹，其实都在有限的风格类型中转圈圈；使我们的建筑"赶上了时代的脚步"，却失去了自己的个性；使我们的建筑偏离了对立统一的规律，呈现出"风马牛不相及"的组合。于是，部分城镇，除了地理位置和名称不同，建筑并无差别，呈现出一种共有的、混乱的风貌。所以，"千城一面"其实源于"千城一乱"，源于突如其来的迅猛发展与无所适从。当我们进入中国特色社会主义新时代，面对实现伟大中国梦的目标，传承优秀的建筑传统，展现中华民族的文化自信和建筑风貌，显得尤为重要。

习近平总书记在2013年7月到湖北省鄂州市峒山村视察，针对当时新农村建设大量采用徽派建筑风格的现象作出指示，湖北有悠久的历史文化，为什么要搞徽派建筑，应当搞"荆楚派"。按湖北省委、省政府要求，住房和城乡建设厅特邀张锦秋、阮仪三、袁培煌、高介华、张良皋等国内著名建筑专家召开"'荆楚派'建筑风格高层研讨会"，为荆楚建筑传承与创新出谋献策；于2013年8月至2014年11月，组织中南建筑设计院、中信建筑设计院、湖北省社会科学研究院、武汉大学、华中科技大学有关专家成立课题组，完成了《荆楚建筑风格研究》专著，探讨荆楚人文精神，总结古代楚建筑的美学意境及风格特征，探讨湖北传统建筑的特点。在研究的基础上，编制了《湖北"荆楚派"建筑风格规划设计导则》《"荆楚派"村镇建设风貌与民居建筑风格规划设计建设导则》《"荆楚派"建筑示例图集》等学习参考资料，并由住房和城乡建设厅下发到全省各地，用于引导湖北当代建筑传承创新，以逐步形成有影响力的荆楚建筑流派。

最近几年的调研发现，湖北省各地的荆楚建筑传承与创新工作进展并不顺利，城乡建筑仍然存在许多问题。①贯彻力度不够。为了贯彻习近平总书记推进"荆楚派"建筑创新的指示，省住房和城乡建设厅印发了一系列文件，内容包括荆楚建筑的理论研究成果、湖北传统建筑和村镇风貌特色的研究成果、当代城镇与乡村规划建筑创新的方法，是传承荆楚建筑的纲领性文件。考察中发现，大多数地区文件只发到了县市一级，只有少数县市发到了乡镇。多数县市没有组织过系统学习，住建系统之外的干部基本上不知道有这些文件。②对当地优秀历史建筑缺乏认识。许多分管建设的干部，对身边优秀的历史建筑关心甚少，以致缺乏基本认识。在多次古民居调研中，领路的干部都兴致勃勃地介绍："前面有一栋'徽派建筑'，特别讲究。"走近这些建筑，却发现它们并没有徽派特点，湖北特色倒是很鲜明。我们的干部守在宝山不识宝，认为只有用"徽派"二字才能为本地的古民居加分。以这样的认识水平，如何带领大家传承当地优秀的建筑文化呢？③抄袭徽派建筑符号的现象还很普遍。距离习近平总书记提出在湖北“不要搞徽派建筑”，已经过去十个多年头了，但抄袭徽派风格的现象依然十分普遍。徽派风格不仅被广泛用于一般公共建筑，甚至有些重要的文博建筑，也完全放弃当地传统，采用了典型的徽派风格。④崇洋媚外的现象仍然没有杜绝。在自建的农房中，仍然有许多采用西洋宝瓶栏杆、欧式门楼山花、罗马柱廊构件的做法，连通过政府审批的新建小区和公共建筑也不能幸免。甚至连指导文旅工作的机关办公楼，都采用了新欧式的建筑风格。⑤破坏性的环境建设。调研发现，乡镇中大量河渠堰塘的岸线被硬化，甚至有的连池底也被硬化，使生物和池岸失去互动，水质不断下降，不拆除它们，水质将永远失去改善的可能；水边的栏杆、亭廊也极其简陋，谈不上风格特色，甚至连基本的休闲功能和安全要求都不能满足；乡镇新建的环境设施，一味模仿大中城市，随意扩宽道路和绿化带，采用整齐的行道树、规则的花池；宜人的环境尺度、自然的景观风貌、绵远的乡风乡愁荡然无存。

在多次调研座谈中，各地住建部门普遍反映，当地主要领导虽然很重视荆楚建筑的传承与创新，有的地区还出台了在规划设计中结合不同建设项目落实地方建筑元素的具体规定，但实施难度很大。因为建筑的传承与创新，要以研究当地历史建筑、提取特色建筑元素为基础；还要借鉴国内外当代新地域建筑的理论和实践，探讨自己的传承创新路径。这些工作专业性很强，各地住建部门普遍感到依靠当地的技术力量很难完成。而湖北省前期荆楚建筑的理论研究，偏重基础理论建构和湖北传统建筑的共性探讨，虽然也涉及各地传统建筑特色的描述，但没有系统的古民居调查作支撑，无法对省内各地的建筑风格分别进行深入探讨；掌握的资料不够完整，特色建筑符号的提取不系统、不充分，荆楚文化的转化运用研究就不透彻，难以落地；建筑的传承与创新研究偏概念化，难以系统支撑各地当代荆楚建筑的传承与创新。为了给一线的城镇规划和建筑设计工作者提供帮助，我们开始着手编撰“湖北古民居传承与创新研究”系列丛书。

二、研究意义

有些地方由于过度追求短期经济效益和政绩，求快、求高、求大，又没有对传统文化遗存的尊重，老建筑拆除起来毫不手软，许多有历史价值的建筑和街区迅速消亡，环境的亲和力越来越差，城镇越建越大，也越来越冷漠，与“天人合一”的传统文化、“诗情画意”的生活场景渐行渐远。产生这种现象的根本原因是缺乏文化自信。没有对传统建筑的深入研究，就看不到其中蕴含的文化和艺术价值，就无法找到正确的传承创新之路，于是只好捡现成的，打着紧跟时代潮流的幌子到处考察，东拼西凑，模仿抄袭、媚洋求怪的局面自然就出现了。许多业内专家对当前城镇建设的病态深恶痛绝，吴良镛院士曾撰文指出：“时下建筑不健康的倾向就是形式主义泛滥，不从建筑的基本要点来发展创造，而舍本逐末，追逐时髦样式。[1]”国家历史文化名城研究中心主任阮仪三说：“自古以来，中国建筑具有独特的风格、独特的历史。然而，有人觉得当前城市建筑太单调，就迎

[1] 钟超．城市建筑为何频现败笔[N]．光明日报，2014-12-11（14）．

合社会上标新立异的心态，哗众取宠，搞些奇奇怪怪的建筑。[1]”

中央城镇化工作会议报告提出：“要依托现有山水脉络等独特风光，让城市融入大自然，让居民望得见山、看得见水、记得住乡愁；要尽快把每个城市特别是特大城市开发边界划定，把城市放在大自然中，把绿水青山留给城市居民；要注意保留村庄原始风貌，慎砍树、不填湖、少拆房，尽可能在原有村庄形态上改善居民生活条件；要传承文化，发展有历史记忆、地域特色、民族特点的美丽城镇。”中央的指示和习近平总书记对湖北省提出的“荆楚派”建筑理念，与国际上当代新地域建筑的发展潮流是完全一致的。

跨入21世纪以来，全球新地域主义建筑的发展方兴未艾，结合地域文化进行建筑创新，成为全球学者的共识。美国城市建筑学家刘易斯·芒福德认为：“城市是文化的容器。不同的城市所依托的地域特色、气候、风土人情各不相同，因此，城市建筑应该在满足基本功能之外展现恰当的特色。[2]”芒福德还认为，新地域主义还担负着协调人与现实生活之间的关系的作用，使人们能够“感到安适自在”。程泰宁院士则给新地域建筑提出了“天人合一、理像合一、情景合一”的设计思路[3]。何镜堂院士指出：“文化的传承和发展都应在原有文化基础上进行，如果离开传统、断绝血脉，就会迷失方向、丧失根本。”

世界面临百年未有之大变局，对我们建筑界的挑战，就是要从根本上打破由西方建筑思潮主导的建筑风格趋同的局面，在全球建筑“各美其美，美美与共”的文明进程中贡献中国智慧和中国方案，使中国建筑在世界当代建筑之林中展现独特的风采，“古为今用，洋为中用，百花齐放，推陈出新”依然是我们的根本方针。要实现这一宏伟目标，就必须深入挖掘优秀地域建筑文化，辩证看待当代国际建筑思潮，对古今中外的建筑进行一番“去粗取精，去伪存真，由此及彼，由表及里”的研究，在与各种建筑思潮的碰撞与互鉴中，建构具有当代中国特色的建筑理论和方法，展现中国建筑的新风貌。

编撰“湖北古民居传承与创新研究”系列丛书的意义包括以下几个方面。①在普遍调查湖北古民居的基础上，按不同的风貌片区分别整理有代表性的建筑案例、特色建筑符号，归纳当地的建筑特点，便于各地在传统建筑修复、当代建筑创新中借鉴参考；②运用“同中求异”的方法，通过纵横对比，探讨湖北与相邻省份传统建筑风格的差异性，总结湖北传统建筑风格的特点，探讨其形成的内在原因，探讨当代荆楚建筑传承与创新的地域和文脉基因；③在研究国内外新地域建筑设计理论和设计手法的基础上，提出当代荆楚建筑的设计方向和创新方法；④结合典型案例进行分析，为当前的城乡建筑设计提供参考；⑤研究荆楚文化在中国乃至世界文化中的地位及其特殊的时代意义，提升荆楚建筑传承与创新的思路和格局，推动湖北新时代的高质量发展，谱写中国特色社会主义建设的荆楚篇章。

---

[1] 钟超. 城市建筑为何频现败笔[N]. 光明日报，2014-12-11（14）.

[2] 刘易斯·芒福德. 城市文化[M]. 宋俊岭，等译. 北京：中国建筑工业出版社，2009.

[3] 程泰宁. 东西方文化比较与建筑创作[J]. 建筑学报，2005（5）：26-31.

三、研究对象

习近平总书记提出“荆楚派”建筑的理念，是希望我们在深入研究荆楚文化、研究荆楚传统建筑的基础上，创造具有湖北特色的当代建筑，这是我们建筑工作者在中国特色社会主义新时代的历史使命。贝聿铭先生说：“在现代建筑里体现中国文化，确实是一个难题……但我们不能每有新建筑都往外看，中国建筑的根还在，还可以发芽，我们要把新的东西，能用的东西，接到老根上去。”只有深入研究湖北传统建筑，认识其文化内涵的深刻性和丰富性，准确把握其特点，才能夯实荆楚建筑传承创新的基础。

相对过去的湖北历史建筑研究，“湖北古民居传承与创新研究”将重点放在建造百年以上的古民居。这是因为：①湖北省有许多历史建筑不属于荆楚风格。如明显陵和武当山古建筑群，均属于典型的明代皇家建筑风格；汉口沿江的使馆区建筑，江汉路、中山大道许多重要的近代商业建筑，都属于外来的西洋建筑风格；省内各地的天主教堂、伊斯兰教教堂等，也都与荆楚文化鲜有渊源关系。它们虽然都是湖北的历史建筑，有的还属于我国乃至世界的文化遗产，也需要精心保护和活化利用，但上述建筑都是特殊历史阶段的外来文化体现，与荆楚文化渊源较浅，不是本书荆楚建筑传承的研究对象，因此没有纳入调研范围。②狭义的“民居”，指民众的住宅；广义的“民居”，指民众的生活，包括社会形态、村镇布局及所有为日常生活服务的建筑、环境和设施，是我们祖先“天人合一”世界观的体现，是构建当代广义建筑学与人居环境学的基础。③民居是最具有活力的建筑，是出现最早、数量最多、最贴近生活的建筑，是历代先辈结合地理、适应气候、因地制宜、因材施用的智慧结晶，具有很强的传承价值。④湖北古民居具有风格的多样性。湖北省地域广阔，气候多样，民族众多，在生产力发展缓慢、信息相对封闭的时代，各地古民居在土生土长的发展中自然呈现出各自的特点；它们有的风格迥异，有的大同小异；研究这些差异，是应对“千城一面、万村一形”窘境，创造“各美其美，美美与共”的城乡建筑风貌的重要途径。⑤湖北古民居具有独特的地域特征。居中的地理位置，提供了贯穿南北、融会东西的文化交流条件，孕育了楚文化兼容并包的特性，也催生了湖北古民居多样融合的特点。⑥湖北古民居传承了优秀的中华文明。作为中华传统建筑大家庭的一员，湖北古民居与其他古民居一样，传承着中华文明的优秀基因，对建设有中国特色社会主义的建筑文化具有重要意义。⑦湖北古民居蕴含浓郁的楚文化特色。现存古民居的建造时间虽然与古代楚国相距两千多年，但由于产生于古代楚国的地域中心，趋势拓新的文化血脉、灵动浪漫的荆楚风韵依然潜藏在这些古民居中。历经百年以上的风雨，很多古民居已经颓废，不堪居住，但残存的很多做法仍然令人惊叹，堪称鬼斧神工。我们祖先在当时相对落后条件下的这些创造，不仅具有研究湖北传统建筑风格的实证价值，对我们克服崇洋心理、打破常规、实现当代“荆楚派”建筑的超越，具有重要启迪。

在经济全球化、文化多样化、信息网络化的新时代，要实现荆楚建筑传承创新，仅仅依托内向的封闭性研究显然是不够的。为了进一步明确湖北传统建筑的风格特征，我们的研究纳入与我国其他古民居的横向对比；为了推动荆楚建筑与其他建筑文化的交流互鉴，我们的研究纳入对国内外新地域建筑思潮与典型案例的探讨；为了构建当代荆楚建筑创新的理论基础，我们的研究涉及对楚文化源流与艺术特色的梳理；为了总结荆楚建筑传承创新的经验教训，我们的研究还展开对若干当代荆楚建筑作品的剖析。

四、相关研究综述

我们认为，“湖北古民居传承与创新研究”是当代荆楚建筑传承与创新研究的重要组成部分。其研究内容不仅与湖北传统建筑相关，也与楚地文化传统相关；当代荆楚建筑创新的理论，就是当代新地域建筑的理论；荆楚建筑研究的最新进展，无疑是我们最为关注的对象。

（一）楚文化研究

湮灭于两千多年前的楚文化，由于20世纪30年代以来大量震撼性的考古发掘，逐渐引起学界重视，并于八九十年代形成研究热潮。全国各地学者研究楚文化的文章不计其数，但以张正明的著述最为宏富，最具代表性。他在开拓性的专著《楚文化史》中，把楚文化比作一只凤凰：“楚人的性格，像他们的生活一样多姿多彩，他们写下的历史，他们留下的文物，使我们后人看到，他们不仅有筚路蓝缕的苦志，有刻意求新的巧慧，有发扬蹈厉的豪气，有谗神媚鬼的痴心，而且有顾曲知音的才情。[1]”他主编的《楚学文库》共收录了18部专著，他在独著的《楚史》中第一次提出“楚学”的概念，并把楚学放在中华民族的历史长河中进行考察，再现了楚文化的兼容性、独创性、中介性、集成性等文化特征。他在《古希腊文化与楚文化比较研究论纲》[2]中谈到，假如按照时代的梯级，对西方和东方的古代文化作双向观察，一步又一步地观察下去，那么，在公元前6世纪下半叶至公元前3世纪上半叶这一梯级，我们可以发现双方都到了一个灿烂的高峰，而且总体水平不相上下。在西方，是希腊文化；在东方，是楚文化。它们齐光竞辉，宛如太极的两仪。如此巧合，耐人寻味。魏昌在《楚国史》中转述学术大师季羡林的观点：“中国古史应当重写……春秋战国时期，楚文化或者南方文化至少可以同中原文化并驾齐驱。”他认为：“至于楚文化，则不仅不比周文化逊色，而且可以与时代大致相当的希腊文化竞辉。[3]”湖北省荆楚文化研究会名誉会长王生铁，将楚文化的成就概括为六大支柱：青铜冶铸、丝织刺绣、木竹漆器、美术音乐、老庄哲学及屈骚文学；四种精神：筚路蓝缕、艰苦创业、自强不息的进取精神，追新逐奇、锐意进取、不断开拓的创造精神，兼收并蓄、融汇南北、海纳百川的开放精神，勇敢坚毅、不怕牺牲、崇尚武装的爱国精神。他和全国著名专家的观点一致，认为在公元前6世纪到公元前3世纪东西方文化竞相争辉的三百年间，楚文化是与古希腊文化并列的世界文明代表。

20世纪30年代至今，各界学者对楚文化的研究涉及先秦文学、哲学、历史、地理、经济、军事、文字、建筑、服饰、风俗、科技、歌乐舞等方面，研究方法也随着多学科理论和方法的渗透而更新，为当代荆楚建筑研究提供了完整、翔实的文化背景资料。他们的研究，不仅开阔了我们认识楚文化的视野，更增强了我们传承荆楚文化、创新荆楚建筑的自信。

---

[1] 张正明. 楚文化史[M]. 上海：上海人民出版社，1987.

[2] 张正明. 古希腊文化与楚文化比较研究论纲[J]. 江汉论坛，1990（4）：71-76.

[3] 魏昌. 楚国史[M]. 武汉：武汉出版社，1996.

（二）古代楚国建筑研究

最早系统研究荆楚建筑的专著是《楚国的城市和建筑》，书中首先对古代楚国城市和建筑溯源，然后系统地介绍了楚国最早的都城丹阳、繁盛期的郢都、楚国的别都和灿若繁星的地方城邑，别具一格的城市设计、军事工程、楚国宫室、建筑装饰、环境艺术等，更系统地总结出了楚建筑“线型之美、和谐之美、因借之美、空灵之美、朦胧之美、超拔之美、绝艳之美、怪异之美、恢闳之美、运动之美”的十大美学特征❶。《华中建筑》1998年第二期刊载高介华的《“楚辞”中透射出的建筑艺术光辉——文学“幻想”，楚乡土建筑艺术的全息折射》一文，借用《楚辞》的章句，对楚艺术解构、重构、创意的创作方法，楚建筑的美学特征，楚园林的诗化景象，楚壁画的艺术幻想进行了精彩描述，在结语中提出“将人间造就成仙境，应当是人类的希望与永远的追求”❷。高介华、刘玉堂透过屈骚文学，对楚建筑的美学风格和艺术方法进行的系统梳理，为开拓当代荆楚建筑传承与创新的思路，展开了无尽的想象空间。

老庄哲学，开创了中国“天人合一”哲学的源头；屈骚文学，开创了中国浪漫主义文学的源头；楚国音乐，开创了中国音乐清响绝尘的基调；楚国美术，开创了中国美术抽象浪漫的境界；楚国工艺，开创了中国工艺宛自天开的做派；楚国建筑，开创了中华建筑自然灵动的景象。2018年4月27日，习近平总书记在湖北会见印度总理莫迪时谈道，荆楚文化是悠久的中华文明的重要组成部分，在中华文明发展史上地位举足轻重。这是对楚文化的高度评价。李白的《江上吟》，用“屈平词赋悬日月，楚王台榭空山丘”来赞叹屈原辞赋与楚王台榭无与伦比的崇高地位，也暗示了文学与建筑不可分割的内在联系。

（三）湖北传统建筑研究

最早系统介绍湖南、湖北古建筑的专著是《中国古建筑文化之旅：湖南·湖北》❸，本书介绍面宽，类型完备，主要作为两湖古建筑的文化旅游指南，具体项目的介绍不免过于简略。2005年，湖北省建设厅组织编撰《湖北建筑集萃》，内容包括《湖北古代建筑》《湖北近代建筑》《湖北现代建筑》《湖北传统民居》《世界文化遗产——武当山古建筑群》五本专著。这套丛书对湖北传统建筑的沿革与发展，分布和选址，类型及特征，历史、文化、艺术价值分别进行描述，是对湖北传统建筑的首次系统性研究。其中的《湖北传统民居》❹，分鄂西南、鄂西北、江汉平原、武汉地区、鄂东南、鄂东北六个片区进行介绍，由于研究对象局限于少数知名的建筑，完整性和深度略感不足。然后有李晓峰、谭刚毅主编的《两湖民居》❺，对“两湖”的概念、文化渊源、人口迁移、自然条件、民居的主要类型与特点等进行了系统的研究，但对建筑成因的论述偏重地理、气候、经济等物质层面，对两湖民居艺术风格与文化基因的系统论述略感不足。对民居特色的阐述，也偏重构造、题

---

❶ 高介华，刘玉堂．楚国的城市和建筑[M]．武汉：湖北教育出版社，1995.

❷ 高介华．“楚辞”中透射出的建筑艺术光辉——文学“幻想”，楚乡土建筑艺术的全息折射[J]．华中建筑，1998（2）：30-40.

❸ 高介华，李德喜．中国古建筑文化之旅：湖南·湖北[M]．北京：知识产权出版社，2002.

❹ 李百浩，李晓峰，湖北省建设厅．湖北传统民居[M]．北京：中国建筑工业出版社，2005.

❺ 李晓峰，谭刚毅．两湖民居[M]．北京：中国建筑工业出版社，2009年12月出版。

材、工法的层面，还没有上升到美学特征及文化内涵的深入探讨。最近的研究成果有《古建遗韵：十堰传统建筑的文化与技术探源》[1]。该书是长江出版社2010年10月出版的《十堰传统民居》的升级版，不但囊括了前者的基本内容，更在调研的基础上丰富了实例和图片，并对传统建筑的造型、构件进行了一定的归纳整理。研究方法也有所创新，如采用表格法进行评估，通过15项内容，较全面地反映出传统建筑的综合价值。

湖北省高等教育发达，有关湖北传统建筑的论文不可胜数，上述研究代表了同类研究的最高水平。他们不仅对湖北省传统建筑的分类与布局、结构与形式、装饰题材与工艺技术进行了较为全面的描述，更从历史演变、人口迁移、地理条件、经济基础等不同层面，对传统建筑的成因进行科学的探讨。其严谨求实的治学态度、系统科学的研究方法、蔚为大观的调查资料、新颖独到的学术观点，为我们的进一步研究作出了良好的表率。

（四）新地域建筑研究

在社会进入信息时代的大背景下，全球建筑界一方面开始了对国际式建筑的批判，另一方面开始了广泛的求新求变的探索。新地域主义的建筑思潮逐渐得到国际建筑界的广泛认同。随着理论研究的逐步深入，新地域建筑的实践也逐渐成熟，出现了大量优秀作品和代表人物。1977年创立的阿卡汗建筑奖，由专门鼓励穆斯林地区建筑创新，扩展到针对全球高水平的地域建筑设计，成为世界上具有影响力的建筑奖项之一。进入21世纪，探索地域传统建筑风格与当代设计结合，成为国际上众多著名建筑师的探索方向，如罗伯特·文丘里、查尔斯·摩尔（Charles Moore）、麦克·格雷夫斯（Michael Graves）、菲利普·约翰逊（Philip Johnson）、矶崎新（Arata Isozaki）、特利·法列尔（Terry Farrell）、查尔斯·詹克斯（Charles Jencks）、弗兰克·以色列（Frank Israel）、詹姆斯·斯特林等人，都创作出了大量别开生面的建筑佳作。尤其是我们非常熟悉与尊敬的贝聿铭先生，在获得国际上无数重大奖后，没有裹足不前，更在世纪之交的古稀之年，毅然将设计风格转向新地域建筑设计，创作出香山饭店、日本美秀美术馆、中国银行总行办公大楼、苏州博物馆、伊斯兰艺术博物馆等一系列新地域建筑精品。当前，新地域建筑已经成为全球建筑重要的设计方向，对塑造“各美其美，美美与共”的建筑风貌发挥着越来越显著的作用。

新地域建筑的理论起源于20世纪60年代的后现代主义，却比后现代主义提倡的文脉主义更全面、更深刻、更具有时代意义。后现代建筑是从历史建筑中抽取符号用于新的建筑设计，新地域主义建筑则从研究历史建筑的气候条件、地形地貌、历史文脉、传统习俗、生活方式出发，采撷历史建筑具有活力的建筑理念，具有特色的空间构成、建筑材料、建造工艺和建筑符号，结合当代社会生活方式、生产方式、审美时尚的变迁，诱发新的建筑艺匠、营造新的场所精神，表现建筑应有的共时性与历时性结合的文化特征。新地域建筑丰富的理论探讨，为当代荆楚建筑传承与创新指出了明确的发展方向，大量优秀的新地域建筑设计案例，有待我们进一步学习、总结和借鉴。

---

[1] 郝少波，郭崇喜，龚德亮. 古建遗韵：十堰传统建筑的文化与技术探源[M]. 武汉：长江出版社，2018.

（五）当代荆楚建筑研究

2013年，党的十八大提出新型城镇化建设的目标。同年7月21日，习近平总书记在鄂视察时指示，湖北有深厚的历史文化，不要搞徽派建筑，要搞荆楚派。在建筑领域，首次提出“荆楚派”建筑的概念。同年12月12～13日，在中央城镇化工作会议上，指出我国的城镇建设要“尊重自然、顺应自然、天人合一”，要“让居民望得见山、看得见水、记得住乡愁”，将建设“传承文化，发展有历史记忆、地域特色、民族特点的美丽城镇”作为我国城镇建设的基本要求，作为中国特色社会主义建设的重要组成部分。根据湖北省委、省政府指示，省住房和城乡建设厅于2013年8月组织中南建筑设计院、中信建筑设计院、武汉大学、华中科技大学、湖北省社会科学研究院的专家团队，开展荆楚建筑专题研究。并于2012年11月15日邀请国内著名建筑专家在武汉召开“‘荆楚派’建筑风格高层研讨会”，与会专家听取了荆楚建筑研究的初步成果汇报，对研究方向和研究进展表示肯定，并对荆楚建筑传承与创新提出了如下宝贵建议：

中国建筑学会副秘书长顾勇新教授提出“地域文化传承与建筑设计创新相统一，现代建筑与保护自然和人文资源相统一，对现实负责与对历史负责相统一”的规划设计原则。

中国建筑大师、工程院院士张锦秋提出了“同中求异”的荆楚建筑研究思路，对城乡建筑风貌规划提出了“点、线、面结合，把控大局，逐步完善”的路径。

中国历史文化名城学术委员会副主任、同济大学教授阮仪三认为，传统建筑保护要结合周边环境乃至城镇风貌，实行整体保护。

中国设计大师袁培煌认为，探索荆楚风格应当从民居开始，建筑要适应地域环境、生活需要、建造条件、民俗民风、生活习惯和审美要求。湖北地处中原，四通八达，海纳百川、兼容并蓄应当是荆楚建筑的主要特点。

武汉大学教授冯天瑜认为，中国古建筑屡建屡毁，可观摩的东西极少，仅仅盯着狭义的楚文化建筑可能会进入误区。要以清末民国的建筑为前进的基石，因为这一时期积淀了一些很有价值的经验，走出了中西合璧的道路并留下了一些范本，应该成为我们研究的一个重点。

华中科技大学教授张良皋提出：一是认清必要性，必须建的就一定要建好；二是追求和谐性，和谐是最高美学境界，建筑不仅要自身和谐，还应与环境和谐；三是把握永恒性，将创新性与持久性相结合。挖掘、整理、弘扬传统建筑精华，为中国建筑的文艺复兴补课。

中信建筑设计院顾问总建筑师张振华认为，要在设计中体现荆楚文化的精神力量。30年来，有一大批建筑体现了楚文化精神，有的还非常优秀。应该认真总结其中采用了哪些方法、哪些技艺，哪些还做得不够，为今后的现代建筑提供借鉴。

湖北省政府文史馆研究员祝建华谈到，湖北省的山区和丘陵占总面积80%，平地只有20%，要节约用地，借鉴古民居科学的选址和布局方法。

中国建筑学会建筑史学会分会理事、建筑与文化学术委员会主任高介华认为，我们的城乡建筑不只是物质的生活、工作场所，还是一个精神家园。我们的规划师、建筑师要打消工具理性，回归价值理性。荆楚建筑要以湖北民众自在的生活方式为体，其他为用。

在“‘荆楚派’建筑风格高层研讨会”之后，荆楚建筑研究团队进一步学习专家建议，整理研究成果，汇编成《荆楚建筑风格研究》[1]专著，内含“荆楚建筑与荆楚文化”“荆楚建筑风格探源”“荆楚古代建筑研究”“湖北近代建筑风格研究”“湖北现代建筑风格特色研究”“湖北民居建筑特色研究”“湖北村镇特色风貌研究”七个专题，对荆楚建筑的基本课题进行系统研讨。其中《湖北荆楚建筑研究初步成果综述》一文，将楚地的人文精神总结为大气、兼容、张扬、机敏；将楚建筑的美学特色总结为庄重与浪漫、恢宏与灵秀、绚丽与沉静、自然与精美；将湖北传统建筑的特点总结为高台基、深出檐、美山墙、巧构造、红黄黑。在上述研究的基础上，编制《湖北“荆楚派”建筑风格规划设计导则》和《“荆楚派”村镇风貌规划与民居建筑风格设计导则》印发全省，作为新型城镇化建设的指导性文件。在开展理论研究的同时，还举办了“荆楚派建筑风格设计大赛”，借用“武汉设计之都”双年展的平台举办了荆楚建筑专题展览，编制了《荆楚派建筑示例图集》，并通过报纸、电视台、网络平台举办大型宣介活动。一系列研究、宣介、推广活动，在湖北掀起了“荆楚派”建筑传承与创新的热潮，使创造具有湖北特色的当代地域建筑，逐渐成为各地建设行政主管部门和广大设计人员的自觉行动。

2013 ~ 2014年间，在湖北省住房和城乡建设厅主导下的一系列荆楚建筑理论研究，对荆楚文化内涵、荆楚建筑风格、荆楚建筑传承创新途径三大核心课题进行的探讨，在湖北省建筑发展史上具有划时代意义，也为我们编撰“湖北古民居传承与创新研究”提供了坚实的理论基础。

五、研究方法

（一）分区调查

在过去的古民居研究中，分区研究是一种常用的方法。陆元鼎领衔总编的《中国民居》采用了按省、自治区、直辖市的行政区划研究我国民居的方法。李百浩、李晓峰主编的《湖北传统民居》则采用了将湖北民居按鄂西南、鄂西北、江汉平原、武汉、鄂东南、鄂东北六个片区分别研究的方法。但过去的分区，有跨越行政区划的现象，不利于今后研究成果的分区借鉴推广。在历次古民居调研中还发现，越是经济发达、交通条件好的地方，古民居的损毁就越严重，致使武汉、襄阳、宜昌、荆州、黄石等历史厚重的城市，包括经济与交通相对发达的江汉平原，古民居的遗存都不多，加之武汉地处于江汉平原腹地，历史发展和地理条件与江汉平原及江南地区非常接近，于是本系列图书将武汉市与江汉平原合为鄂中南片区，将湖北省的古民居按鄂东南、鄂中南、鄂西南、鄂东北、鄂西北五个风貌片区分别展开调查。具体分区如下。

鄂东南片区：包括黄石市（辖大冶市、阳新县）、鄂州市（无下辖县的地级市）、咸宁市（辖赤壁市、咸安区、嘉鱼县、通城县、崇阳县、通山县）三个地级市。

鄂东北片区：包括黄冈市（辖英山、浠水、罗田、黄梅、武穴、蕲春、团风、红安、麻城九个县市）、孝感市（辖孝南区、高新技术开发区，云梦、大悟、孝昌三个县；代管应城、安陆、汉川三个县级市）两个地级市。

鄂西北片区：包括襄阳市（辖襄州、襄城、樊城三个区，枣阳、宜城、老河口三个县级市，南

---

[1] 尹维真，湖北省住房和城乡建设厅. 荆楚建筑风格研究[M]. 北京：中国建筑工业出版社，2015.

漳、保康、谷城三个县，襄阳高新技术产业、襄阳经济技术、襄阳鱼梁洲经济三个开发区）和十堰市（辖茅箭、张湾、郧阳三区，郧西、竹溪、竹山、房县四县，丹江口市，十堰经济技术开发区，武当山旅游经济特区）。

鄂中南片区：包括武汉市（辖江岸区、江汉区、硚口区、汉阳区、武昌区、青山区、洪山区、东西湖区、汉南区、蔡甸区、江夏区、黄陂区、新洲区）、荆州市（辖荆州区，沙市区，荆州开发区县：江陵县、监利市、公安县、松滋市、石首市、洪湖市）、荆门市（辖东宝区、掇刀区、沙洋县、钟祥市、京山市、屈家岭管理区）和天门、潜江、仙桃三个省直管市。

鄂西南片区：包括宜昌市（辖远安、兴山、秭归、长阳土家族自治、五峰土家族自治五县，宜都、当阳、枝江三个县级市，夷陵、西陵、伍家岗、点军、猇亭五区）、恩施土家族苗族自治州（辖恩施、利川二市，巴东、建始、宣恩、咸丰、鹤峰、来凤六县）、神农架林区。

这种分区的优点是，避开了过去分区肢解行政区划的弊端，兼顾风貌特色和行政区划的完整性，既便于展开调查，整理资料，又便于今后各地参照运用调研成果；这种分区的不足是，由于湖北行政区划交错，致使五个片区古民居的元素存在局部交错。但无论用什么方法，都不可能划分出迥然不同的风貌片区，所以，湖北省“荆楚派”建筑的传承与创新，应当以借鉴本地区古民居的建筑元素为主，还可以参照相邻地区乃至跨区的建筑元素，关键是要通过“创造性继承，创新型发展”形成自己的风格。

（二）突出重点

湖北古民居量大面广，在2012～2019年住房和城乡建设部先后公布的五批《中国传统村落保护名录》中，湖北入围的就有205个，现存古民居单体的数量则不下于其十倍。古民居存量较大的地区，如鄂西南和鄂东南，其存量有数百处之多；古民居存量较大的县，如鄂东南通山县，留存的古民居就接近二百处。因此，对湖北古民居的调查很难做到“一网打尽”，由于各地许多现存古民居的风格非常接近，也没有必要一一罗列。在广泛调查的基础上，我们纳入的内容为：①规模较大、影响较大、保存较完整的古民居群体；②风格典型、特色突出的古民居单体；③残存古民居中具有特色的构造和构件；④具有荆楚风韵的装饰图案；⑤蕴含优秀历史文化的匾联；⑥体现乡愁的环境设施和小品。

（三）广泛采撷

由于百年以前的古民居绝大多数已无人居住，坍毁速度极快，很多过去在文献中出现过的案例已经不复存在。为了尽量保持古民居资料和信息的完整性，我们在田野调查之外，还结合文献阅览、网上搜集等进行了补充完善。同时通过民间访谈，试图获得更多古民居的信息。许多地处荒僻无人居住的古民居濒临消亡，保护无望，为它们拍照存档也许是最后的机会。在当地干部、老者或古民居爱好者的引领下，我们果然发现了许多淹没在深山老林或陋巷之中的古民居，虽然这些发现有时仅能收获一鳞半爪，也给我们带来了惊喜。

（四）科学梳理

为提高本书的简洁性、针对性和实用性，我们采用灵活的研究方法。①简化研究层次。由于每个古民居风貌片区包含若干地级市，并下辖县或县级市、乡镇、行政村、自然村湾，为简化研究层次，我们将各片区的古民居资料按县级行政区划进行编辑，将各县或县级市的古民居按行政村进行编辑。并在此基础上，对各风貌片区古民居的总体特征进行概括，形成了风貌区、县与县级市、村落与个案三个明晰的研究层次。②分区研讨风格。古民居的建筑风格和方言一样，既有明显的区域差异，又有相邻的渐变过渡；相邻两地语言的微差很难分辨，相邻两地古民居的微差更非泾渭分明。可喜的是，在调研中发现，湖北省的古民居确实与我国其他流派古民居存在较明显的风格差别，省内各片区的古民居也存在不同程度的差异。而且，这些差异不仅存在于一两个典型案例，而是各片区古民居的普遍现象。③分区整理建筑元素。各片区古民居的特色突出表现在建筑各部的具体做法之中。分区整理、详细分析各片区古民居的特色与做法，对各地专业人员准确把握本地建筑语汇、排除错误的建筑修复做法、正确开展古民居的保护利用具有重要意义。④分区归纳特点。以各地古民居调查为基础，归纳其主要特点，对丰富荆楚建筑传承与创新的思路、避免千篇一律具有重要意义。⑤总结特色。以各地区古民居的特点为基础，提炼湖北传统建筑的风格特征，对摒弃抄袭外来样式、谱写中国特色社会主义的荆楚篇章具有重要意义。

（五）对比互鉴

有人说："湖北传统建筑和周边的差不多。"其实何止周边，泱泱五千年，传承同一个大中华文化体系，东南西北的华夏建筑之间，哪会有根本差别？趋同易，特色难；单调易，丰富难。于是，寻找到那些"差不多"的具体所在，实现"同中求异"的创造，在今天的规划设计中就显得格外重要。没有比较就没有鉴别，要找到本地建筑与周边建筑的差异，就离不开风格的横向对比。正是四通八达的地理位置，涵养了楚文化"兼容、独创、中介、集成"的文化特征，而九省通衢的条件，同样给湖北古民居提供了海纳百川的便利，使其展现出融合东南西北，又异于东南西北的"唯我独中"的艺术特色。

（六）挖掘内因

若将融会东南西北作为形成湖北古民居特色的外在条件，特殊的文化基因就是形成湖北古民居特色的内在依据。湖北居于古代楚国411年繁盛期政治、经济、文化的中心，楚文化的浪漫主义精神，孕育了荆楚大地"大气、兼容、张扬、机敏"的人文精神，催生出古代楚国建筑"灵动浪漫"的艺术品格；在两千多年大一统的文化进程中，湖北古民居接受到更加丰富的文化滋养，尤其是"中正、中和、中庸"的儒学文化的滋养，使湖北古民居吸收了"中正平和、朴实内敛、省地节用、耕读传家"等实用主义的农耕文化，又保留了"空灵、朦胧、超拔、绝艳、怪异、恢闳"的楚文化基因，实现了现实主义与浪漫主义的交融。

（七）鉴古拓新

在开放的网络时代，荆楚建筑传承创新仅仅依托内向的封闭性研究显然是不够的，所以，我们的研究还将纳入对国内外新地域建筑思潮与典型案例的探讨，在东方文明与西方文明、东方建筑与西方建筑、传统建筑与时代需求的碰撞与互鉴中，探讨当代荆楚建筑传承创新的理论和方法。

六、文本分卷

我们将研究成果编撰成四卷本专著，各卷的内容分别如下。

第一卷　绪论；鄂东南古民居。

第二卷　鄂中南古民居；鄂西南古民居。

第三卷　鄂东北古民居；鄂西北古民居。

第四卷　湖北古民居的总体特征；湖北古民居传承创新方法与荆楚派建筑理论建构；湖北当代荆楚建筑传承与创新案例研究。

—— 下篇 ——

鄂东南古民居

第二章

鄂东南古民居调查

1．分区概要

过去的鄂东南分区，包括武汉市和黄冈市的一部分（图2.0.0.1）。为避免对行政区划的切割，便于古民居调研、论述及分区推进荆楚建筑传承与创新，我们按完整的行政分区划分古民居风貌片区，鄂东南风貌片区舍去了武汉市江夏区和长江以北的黄冈市部分县域，只含鄂州、黄石、咸宁三个地级市（图2.0.0.2）。由于湖北省的行政区划交错，无法找到一种绝然相异的古民居风貌分界线，对各个风貌片区古民居特色的研究只是相对的，所以，在古民居的传承与创新中，既要凸显本片区的特色，也可以借鉴相邻片区的特点，丰富本片区建筑的特色。

2．调查分级

鄂东南片区下面还包含地级市、县、乡镇、行政村、自然村湾五个管理层级。为了方便调查、论述和今后推进荆楚建筑传承与创新，我们在古民居调研中，简化分区的管理层级，在不同的古民居风貌片区，直接按县或县级市汇集调查资料，把行政村现存的古民居案例作为调研的终端对象。叙述的序列为：大冶市、阳新县、鄂州市（是湖北省唯一不辖县的地级市）、通山县、通城县、崇阳县、咸安区、嘉鱼县、赤壁市。

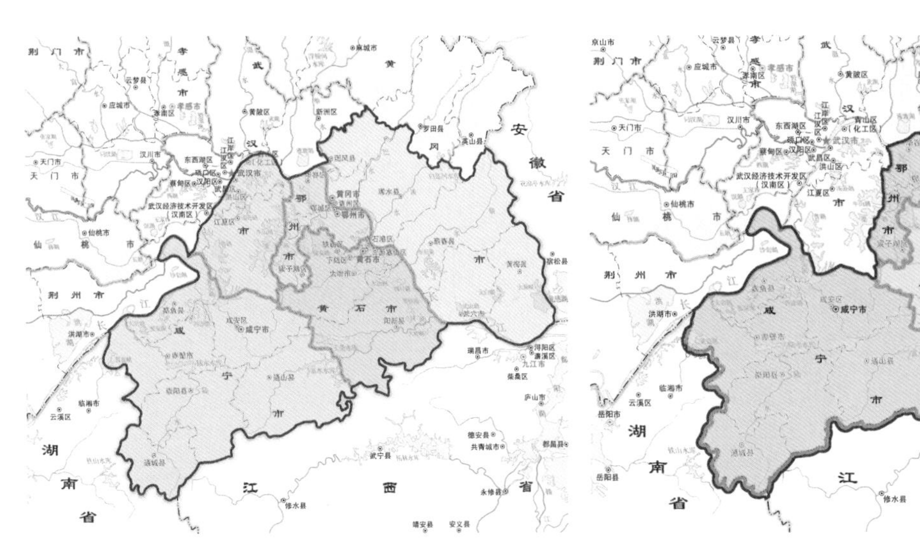

图2.0.0.1 过去的鄂东南分区

图2.0.0.2 鄂东南古民居风貌片区

一、大冶市古民居调查

大冶市为楚文化发祥地，公元前880年楚王熊渠封次子熊红为鄂王；秦代设鄂县；1994年国务院批准撤县建市，属黄石市管辖。大冶市地处湖北省东南，幕阜山北麓，长江中游南岸，位于武汉、鄂州、黄石、九江城市带之间。西北与鄂州市为邻，东北与蕲春、浠水县隔江相对，西南与武汉市、咸宁市毗邻，东南与阳新县接壤。大冶东南部以山地为主，中北部为丘陵。一般海拔为120～200米，最高海拔839.9米，最低海拔11米。长江流经大冶东北隅，市内有17条河流和大冶湖、保安湖、三山湖。大冶属亚热带季风气候，年平均气温16.9℃，极端最高气温40.1℃，极端最低气温-10℃，全年降水量为1495.2毫米，全年平均日照1325小时。大冶市位于古代“青铜走廊”的腹地，矿产丰富，素有“百里黄金地，江南聚宝盆”的美誉。丰富的资源与良好的经济条件，使大冶市的古民居用料考究、做工精美。多变的自然地貌，冬冷夏热、四季分明的气候，使大冶市古民居与湖北省核心地区的古民居具有许多相似性。作为较早纳入楚国版图的地区，灵动浪漫的楚文化传统深刻影响大冶古民居的风格。大冶市主城区以北地势平坦又靠近黄石，经济发展较快，古民居基本被毁，现存古民居大多散落在交通不便的东南部。纳入国家《中国传统村落保护名录》的村落有金湖街上冯村、保安镇沼山村刘通湾、金湖街姜桥村、金湖街焦和村、金湖街门楼村、大箕铺镇柯大兴村、大箕铺镇水南湾村。这里遗存的古民居，既有鄂东南特色又有浓郁楚风，是我们考察的重点。

（一）金湖街上冯村古民居

上冯村位于大冶市主城区以南5公里，坐落在幕阜山的余脉之间（图2.1.1.1），主要村落四面环山，村中心古民居围绕一湾绿水布局（图2.1.1.2）。村中保存有大量古桥、古树、古井、古碾、古根、古道、古宅、古渠、古祠，“九古奇村”的美名四处传扬（图2.1.1.3～图2.1.1.7）。

图2.1.1.1 山中古村落

图2.1.1.2 山水间的混合式布局

图2.1.1.3 古桥

图2.1.1.4 古树

图2.1.1.5 古根

图2.1.1.6 古井

图2.1.1.7 古碾

元代至元年（1264～1294年）间，北宋大臣冯京的后裔冯惠五迁居至此，开始建设村落。明万历年间（1573～1620年），后人冯赤山靠经商成为巨富，开始大兴土木，使村落建筑环境大为改观。这里现存的古民居多建于清代和民国初年，村中原有“矩范堂”“大夫第”等古宅百余栋，分为六个片区，建筑占地达12000多平方米，如今保存较好的仅40余栋。其中，建于清嘉庆年间的冯氏宗祠建筑面积近600平方米，由山门、享堂、前厅、中厅、后厅、寝殿、厢房组成。上冯村三面环山，面对一口大水塘，以开阔的远山为案山，现存古民居有规则的组团，也有零星的单体，形成相对自由的混合式布局，生动展现了封建时代私有地权的演化进程。经历数百年风雨剥蚀，除了残存的宗祠体量相对庞大，已经看不到大规模的集中式古宅。在数百年的村落经营中，上冯村人非常注重环境保护，使这里到处是参天大树，古宅融入古木，仿佛在与天对语。悠久的历史演化，使上冯村古民居呈现出极为丰富的样式，对当代鄂东南建筑的传承与创新，具有重要参考意义。

上冯村古民居的建筑风格，具有典型的鄂东南特色。两坡悬山，是一般民居的常见做法（图2.1.1.8）。较为考究的建筑，多为两坡硬山加马头墙（图2.1.1.9～图2.1.1.11）。受地形限制，结合功能变化不断进行的改建和扩建，使这里的古民居呈现出体量转折、蝶形组合、实墙夹槽门、墙面跌级、局部墙面和主体分离、屋面和墙体自由撞接等多种变化（图2.1.1.12～图2.1.1.17）。这里的山墙装修不同于徽派的白粉墙，也不同于古民居常规的“银包金”粉边，而只是沿建筑的上部轮廓做白灰粉边，到墀头结束，我们姑且称这种做法为“银滚边”。粉边上常有精美的檐画，有的建筑还将粉边内转，在砖墙上描绘出优美的檐画与图案（图2.1.1.16～图2.1.1.22）。更有残存的民

图2.1.1.8 简朴的两坡悬山

图2.1.1.9 高低组合的山墙

图2.1.1.10 单层民居

图2.1.1.11 两坡硬山建筑

图2.1.1.12 空间体量转折

图2.1.1.13 蝶形组合式山墙

图2.1.1.14 实墙夹槽门阁楼

图2.1.1.15 墙面跌级

图2.1.1.16 山墙分离转折

图2.1.1.17 屋面和墙体自由撞接

图2.1.1.18 人字山墙

图2.1.1.19“银滚边”墙面装修

图2.1.1.20 图案伸入墙面

图2.1.1.21 考究的檐画

图2.1.1.22 墀头的变化

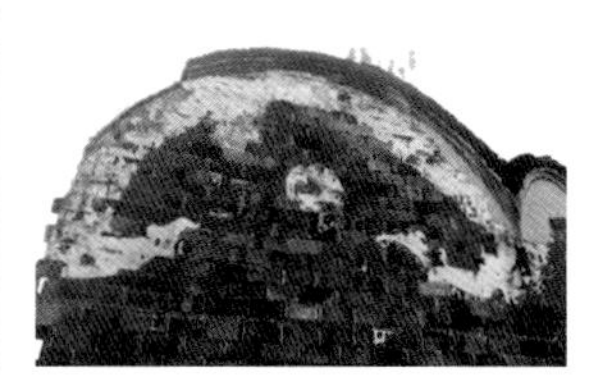
图2.1.1.23 浪漫的山墙

图2.1.1.24 古祠

图2.1.1.25 入口立面

图2.1.1.26 古祠牌匾

图2.1.1.27 新建宗祠

图2.1.1.28 新宗祠山墙

图2.1.1.29 鸟头脊翼

图2.1.1.30 常见古民居

图2.1.1.31 阁楼槽门

图2.1.1.32 台阶侧门

图2.1.1.33 砖雕门檐

图2.1.1.34 挑棋门檐

图2.1.1.35 木构卷棚轩门檐

居山墙，采用浪漫的云形轮廓，将白灰粉边内转，塑成双凤朝阳的美丽图案（图2.1.1.23）。在古代宗祠的主入口立面上方，也能看到浪漫的曲线轮廓变化（图2.1.1.24、图2.1.1.25），花岗石门楣上有表现庆典场景的浮雕，门楣上方为灰塑宗祠牌匾（图2.1.1.26）。

可惜该村新建的祠堂，却完全照搬北方官式建筑的重檐歇山顶和徽派建筑的跌级山墙，巨大的体量赫然耸立在村落中心，与相邻古民居的尺度与造型格格不入（图2.1.1.27、图2.1.1.28）。“鸟头脊翼”是鄂东南古民居最常见和最具特色的造型，但多数实例损毁严重，使这个完整的构件‘实例’显得尤为珍贵（图2.1.1.29）。上冯村古民居的入口形式变化丰富（图2.1.1.30 ~ 图2.1.1.36），从图2.1.1.37中组合三个入口的前院，不难看出家族发展中多次改扩建的痕迹，但各种建筑元素的衔接竟然如此自然得体，甚至优于常规一次性建设的效果。院门两侧的抱鼓石造型，采用南方矩形门墩与北方圆形门墩相结合，是融合南北建筑文化的实证（图2.1.1.38）。这里尚存一例轩廊式入口，

图2.1.1.36 垂柱门檐

图2.1.1.37 多入口组合前院

图2.1.1.38 方圆结合门墩

图2.1.1.39 轩廊式入口

图2.1.1.40 坍毁的主入口

图2.1.1.41 侧面入口

图2.1.1.42 侧入口

图2.1.1.43 中心天井院

图2.1.1.44 天井阁楼

图2.1.1.45 天井侧院

图2.1.1.46 通道上的砖砌阁楼

造型器宇轩昂，不同于北方的垂花门，在南方也不多见（图2.1.1.39）。有的入口，其上建筑已经不见踪影，仅存大石阶和少量构架的残像，却似乎更能唤起我们的联想（图2.1.1.40）。结合地形采用石阶衔接后花园侧门的做法也很有创意（图2.1.1.41、图2.1.1.42）。

上冯村的大型古民居虽然基本都已颓毁，但从残存的重重天井院仍然能看到昔日繁盛的景象。中轴线上的天井前院，一般比较宏大方正（图2.1.1.43、图2.1.1.44），后院与侧院尺度较小，并以长方形居多（图2.1.1.45）。在厢房一侧，常常设有廊道，贯通左右两边的天井院；在两侧的天井偏院，常常设有廊道，联系前后空间。鄂东南地形起伏，平地不多，很多天井院还具有调节室内高差的功能（图2.1.1.46、图2.1.1.47）。很早就听说天井有收集雨水的功能，上冯村天井院内保留的储水池，是我们首次看到的实例（图2.1.1.48）。

上冯村古民居的立面，有在门窗上方设连续的通檐，有采用优雅的曲檐，还有采用浪漫的波浪连檐，都很有特色（图2.1.1.49 ~ 图2.1.1.51）。在亮窗下面设槛窗（图2.1.1.52、图2.1.1.53），在鄂东南随处可见。在板门后面设双栓，也是鄂东南常见的做法（图2.1.1.54），但在狰狞的辅首上穿铁杠，还是首次见到（图2.1.1.55）。这对辅首，虽然连衔环都已经朽掉，但坚固、厚实、略带冷幽默

图2.1.1.47 高差调节

图2.1.1.48 天井院蓄水池

图2.1.1.49 花窗与连檐

图2.1.1.50 曲线窗檐

图2.1.1.51 波浪连檐

图2.1.1.52 槛窗

图2.1.1.53 槛窗与门亮子

图2.1.1.54 双栓板门

图2.1.1.55 辅首残件

图2.1.1.56 古拙木雕

图2.1.1.57 瓜礅石柱础

图2.1.1.58 方墩石柱础

感的设计，给人留下的印象却难以忘却。村内保留的豪华雕饰不多，但图2.1.1.56中这幅残存的木雕，刀法不求光滑，造型不拘小节，淳朴而生动，民间艺术的风味极其浓厚。

上冯村古民居的细部构件并不遵循统一的模式，仅石雕柱础的样式就有数十种之多。如图2.1.1.57、图2.1.1.58中一圆一方两种柱础，粗看没什么蹊跷，细看却发现，圆柱础的造型在精细中兼顾整体，方柱础的造型简洁却不板滞，体现出兼容南北的楚地特色和深厚的艺术功力。北方的石雕柱础，一般要求体块直接落地，造型下大上小，突出表现构件的完整性与稳定感。鄂东南的石雕柱础却相反，常常会做成上大下小、根部内收或腾空的样式，表现出楚地对空灵美、动态美的追求。村内的许多设施，如墙裙和墙角石、与石阶并行的小车道、自然石砌筑的挡土墙、紧邻石砌水沟的古井、覆盖凉亭的碾台，都无不体现出鄂东南先民的生活智慧（图2.1.1.59～图2.1.1.65）。

（二）金湖街姜桥村古民居

从1266年先祖姜维远来此地定居，距今已有七百多年。虽然当时姜姓的人家不多，但鉴于居民

图2.1.1.59 石雕门墩

图2.1.1.60 墙角石

图2.1.1.61 古阶

图2.1.1.62 并行古道

图2.1.1.63 自然的蹬道

图2.1.1.64 古井

图2.1.1.65 碾亭

图2.1.2.1 幕府山下古村落

图2.1.2.2 枕河的布局

图2.1.2.3 围水的布局

图2.1.2.4“姜桥”东立面

图2.1.2.5 姜桥西立面

图2.1.2.6“南迎”桥头

图2.1.2.7“北拱”桥头

被小河阻隔，交流困难，姜维远便四处募捐，建成了三座大小不等的石拱桥。便利的交通促使这里商贾云集，成为店铺林立的一方重镇。后人为纪念他，将村名定为“姜桥”，并一直沿袭至今。幕府山下的姜桥村结合多水的自然环境，分别采用了枕河与围水的建筑布局（图2.1.2.1～图2.1.2.3）。村落核心部位的景观廊桥，南面完全对河道敞开，上悬“姜桥”牌匾；北面设一片屏墙，上书一个硕大的“和”字，形成虚实结合的空间格局（图2.1.2.4、图2.1.2.5）；两个桥头，分别悬挂“南迎”“北拱”匾额（图2.1.2.6、图2.1.2.7），体现出楚地“唯我独中”的地域特色。“姜桥”尺度合宜，造型优雅，寓意深刻，堪称鄂东南最美的古桥之一。

这里的祠堂或民宅，多采用两坡硬山、吞口墀头、槽门入口、矩形石雕门墩等典型的鄂东南建筑语言（图2.1.2.8～图2.1.2.14）。古民居大多为两层砖木建筑，梁枋直接架在建筑的承重墙上，用料硕大，空间宽敞，装修精细，彰显出当时富庶的经济条件（图2.1.2.15～图2.1.2.17）。门头雕塑图案别致（图2.1.2.18），梁枋采用浪漫的楚风雕刻图案（图2.1.2.19），具有鲜明的鄂东南特色。依山枕水的格局，使村民的生活充盈着闲适的情调（图2.1.2.20）。

图2.1.2.8 宗祠槽门

图2.1.2.9 宗祠门套

图2.1.2.10 宗祠匾额

图2.1.2.11 老街墀头

图2.1.2.12 二层商铺

图2.1.2.13 民居侧面

图2.1.2.14 民居正面

图2.1.2.15 天井院落

图2.1.2.16 砖拱门道

图2.1.2.17 室内梁架

图2.1.2.18 门头装饰

图2.1.2.19 梁枋雕刻

图2.1.2.20 古木石桥

（三）金湖街焦和村古民居

这里的先民，最早在明代由阳新焦滩迁来，至今已有近七百年。焦和村的古民居最先在焦和湾开始建设，三百多年前，又有欧阳、余二姓村民迁入，三姓居民在大冶八景之一“鹿耳夕照”的山下，共同兴建焦和村。村民将清洌的山泉引入3个大型汇水池，形成依山傍水的村落格局（图2.1.3.1）。古村落翠屏环绕、泉水叮咚，鸟鸣婉转、景色清幽，现存古宗祠5处，古庙1座，古树28棵，古井6口。原来成片的古民居均已破败，不堪居住。残存的17栋古宅保存较好的仅有4栋，虽然外观基本完整，但内部均已垮塌，能住人的只有1栋（图2.1.3.2～图2.1.3.8）。只有被踩磨得溜光锃亮的石板路，似乎还在叙述当年的乡愁。

焦和村残存的古民居，大多为鄂东南常见的做法，其中有些做法亦不乏本村的特色。如在厚实的门楣上叠砌托石，与门匾、门檐构成收放有致的轮廓（图2.1.3.9）；如灵活运用跌级、人字形、一字形山墙等造型元素，组合成丰富的山墙轮廓（图2.1.3.10）；如采用外挑石梁托墀头，以获得持久的结构稳定性（图2.1.3.11）；如采用层次丰富的灰塑门套和门楣，在门框角部点缀半圆造型构件，营造悦目的入口气氛（图2.1.3.12）；如檐柱不落地，用双梁承托檐柱架空阁楼，在底

图2.1.3.1 依山围水的古村落

图2.1.3.2 成片废弃的民居

图2.1.3.3 两厢夹槽门

图2.1.3.4 宽阔的槽门

图2.1.3.5 深凹的槽门

图2.1.3.6 变得模糊的檐画

图2.1.3.7 残存马头墙

图2.1.3.8 暗楼槽门

图2.1.3.9 门楣叠砌门檐

图2.1.3.10 组合式山墙

图2.1.3.11 外伸石梁挑墀头

图2.1.3.12 门头点缀

图2.1.3.13 挑空舞台

图2.1.3.14 双梁托柱

图2.1.3.15 天井侧院

图2.1.3.16 天井阁楼

图2.1.3.17 阁楼顶棚

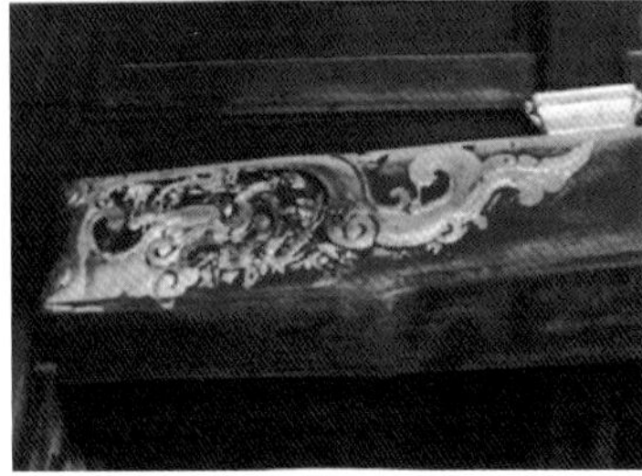

图2.1.3.18 梁头雕饰

图2.1.3.19 亮窗

图2.1.3.20 石雕透窗

图2.1.3.21 石雕透窗

图2.1.3.22 石雕拴马桩

图2.1.3.23 石雕柱础

层形成无柱空间（图2.1.3.13、图2.1.3.14）；如在过厅墙面设镂雕花窗，改善内部景观和通风条件（图2.1.3.15）；如在挑梁楼板上方设斗形木墩承托檐柱，支撑天井构架（图2.1.3.16）；如在阁楼整体采用木板吊顶，改善建筑的隔热防寒效果（图2.1.3.17）；等等，都体现出当地先民的创造性。而建筑的细节处理，也无不在常规的造型上衍生出巧妙的变化，展现出楚地的人文风情和审美喜好。如室内梁头的雕饰图案，造型抽象灵动，似龙非龙，很有创意（图2.1.3.18）；在门上亮窗格的中间，采用方中见圆的图案处理，变化简单而巧妙（图2.1.3.19）；在石雕透窗的间隙中，点缀精美的如意头造型，使简单的方连纹变得精致可爱（图2.1.3.20）；在石雕透窗中间的格芯填充抽象的造型，似树非树，似鹿非鹿，风格奇异（图2.1.3.21）；石雕拴马桩的雕饰，则用扭转造型打破了对称构图的呆板（图2.1.3.22）；石雕柱础的动物图案简洁抽象，颇具楚汉风韵（图2.1.3.23）。

（四）金湖街门楼村古民居群

金湖街门楼村的选址，东靠黄坪山，西邻龙角山，布局灵活、松紧自然。在山间坪地上的古民居，以祖祠为中心，形成了多组团布局（图2.1.4.1）。古老的建筑组团讲究风水和朝向，布局非

图2.1.4.1 山水间多组团布局

图2.1.4.2 独立组团

图2.1.4.3 有序的天井院建筑群

图2.1.4.4 高耸的砖墙

图2.1.4.5 宽敞的天井院

图2.1.4.6 天井院檐廊

图2.1.4.7 巷道连檐

图2.1.4.8 石雕回纹门框

图2.1.4.9 门对门

图2.1.4.10 精美的石雕门楣

常严整，续建的民居则自然向周边发散（图2.1.4.2）。古民居群始建于清初，距今已有三百余年历史。据说，最初主持村落建设的泉铺湾太公，对施工质量要求极高，重点部位每块青砖都要精心打磨才能上墙，每人一天砌砖不得超过12块，超过这个数的师傅会被辞退。最早建成的民居共有七组建筑群，核心建筑占地达2000多平方米，七开间，设有多进天井院，每进均有六间正房，建筑群的占地面积则达到21000多平方米，形成了庞大的古民居群落（图2.1.4.3）。所有房屋都由天井院和厢廊有序地连接在一起。村里的老人说："在里面走家串户，晴天不打伞，雨天不湿鞋。"虽然遭遇过两次较大的火灾，现存古民居仍有6000多平方米，规模为省内少见。现存古民居均为砖木结构，两坡屋面，插梁构架。建筑用料厚实，空间宽敞高大，房间和天井院的面积相当普通民宅的2～4倍（图2.1.4.4、图2.1.4.5）。各进天井院均用青石板铺设，东西贯通的厢廊白天开敞、晚上关闭，防卫性很强。为了抵挡风雨侵袭，不仅在天井院设有檐廊，还在巷道侧门上空架设了连檐（图2.1.4.6、图2.1.4.7）。虽然建筑损毁严重，现已不堪居住，但简洁厚实的石雕门套（图2.1.4.8、图2.1.4.9）、精细的石雕门楣（图2.1.4.10）、灵动的文笔图案拴马石（图2.1.4.11）、残存的构件和彩绘（图2.1.4.12），仍然在叙述着往日的辉煌。

图2.1.4.11 文笔图案拴马石

图2.1.4.12 墀头残件

图2.1.5.1 村落三面环山

图2.1.5.2 民居围绕水塘布局

图2.1.5.3 依山面水的构图

图2.1.5.4 祖祠“瑞雀堂”

图2.1.5.5 不断繁衍的“子孙屋”

图2.1.5.6 自由跌级马头墙

图2.1.5.7 两层砖木建筑

图2.1.5.8 自由组合立面

（五）大箕铺镇柯大兴村古民居

该村于明朝成化年间，由始祖柯大兴从江西瑞昌柯乐园迁徙至此，二世祖柯顺通定居创业，迄今已有五百多年。村落北靠明灯山，西依龙角山，东邻牛头山，林木葱郁，交通便利（图2.1.5.1）。村庄西北有一条水流不息的长港，古民居围绕两口大型水塘布局，取自日月辉映、人杰地灵的意境（图2.1.5.2、图2.1.5.3）。村内现存古民居40余栋，占地8000多平方米，为集中的天井院格局。祖祠位于村庄核心，号“瑞雀堂”，为一路四进天井五进空间，门厅空间非常紧凑，有“合门聚财”的寓意（图2.1.5.4）。随着家族枝繁叶衍，周围续建的40余栋“子孙屋”与祖屋连成一片，逐步形成庞大的建筑组群（图2.1.5.5）。这里的古民居多为“青砖黛瓦马头墙”的二层楼房。建筑立面变化灵活，出现体量转折、自由跌级、人字形与一字形马头墙自由组合等多种构图，天际线非常丰富（图2.1.5.6～图2.1.5.8）；马头墙构造简洁精到，檐下彩绘抽象浪漫，拱形卷云头窗楣造型秀雅，颇具鄂东南特色（图2.1.5.9）。村学学堂有古代藏书四百余册，学堂敞厅悬挂清同治年钦敕“翰林院”牌匾（图2.1.5.10、图2.1.5.11），“忠信为本，耕读传家”的古训被世代传承。五百年来，在州府考试中，文、武中举各1人，太学士3人，监生7人，庠生10人，儒生12人，敕赠文林郎4人，敕赠行林郎2人。改革开放以来，华中科技大学毕业留美1人，武汉大学毕业4人，教授、工程师各1人，接受各类高等学府教育40余人，有“鄂东南书香门第第一村”的美誉。祖屋大门外，原来设有一对围子夹杆石插旗扬幡，大门两边盘踞一对雄狮护正驱邪，门口有乾隆时期御史柯瑾转御赐“太史第”匾

图2.1.5.9 拱形窗楣

图2.1.5.10 村学学堂

图2.1.5.11 御赐“翰林院”匾

图2.1.5.12 古朴石栏

图2.1.5.13 祖屋立面

图2.1.5.14 祖屋内景

图2.1.5.15 天井戏楼

图2.1.5.16 戏楼木雕

图2.1.5.17 天井院

图2.1.5.18 天井院过廊

图2.1.5.19 天井院过廊的“铜钱纹”泄水孔

图2.1.5.20 卧室穹隆式藻井

图2.1.5.21 直棂槛窗

图2.1.5.22 青石板路

牌，是封建时代武官下马、文官落轿、瞻仰跪拜的地方。后面祖堂内供奉四房祖宗牌位，神龛雕刻精美，秉承慎终追远的传统美德（图2.1.5.12～图2.1.5.14）。

祖屋为一门两路天井院布局，入口一路为门厅和居住功能，右侧一路为客厅、戏楼与休闲娱乐功能。木结构戏楼的挑梁、吊柱、栏板均有精美浮雕（图2.1.5.15）。挑梁中间为蓬莱仙境浮雕，吊柱两侧为“双鹤献寿”高浮雕，栏板采用动感的卷曲纹透雕，抽象浪漫，楚风浓郁（图2.1.5.16）。堂屋与其他房间过渡处，多采用方形天井；两侧天井院过廊，采用条形采光天井（图2.1.5.17～图2.1.5.19）。主卧室装修考究，顶部设有穹隆式藻井（图2.1.5.20）。厢房砖墙上装有简洁的直棂槛窗，构图雅致（图2.1.5.21）。

纵横交织的石板巷道，将一家一户紧紧串联在一起（图2.1.5.22）。外挑石雕构造的门檐、带卡

图2.1.5.23 石结构挑门檐

图2.1.5.24 别致门栓

图2.1.5.25 石雕透窗

图2.1.5.26 木雕台案

图2.1.5.27 木雕细部

图2.1.5.28 院外古井

图2.1.5.29 井口围栏

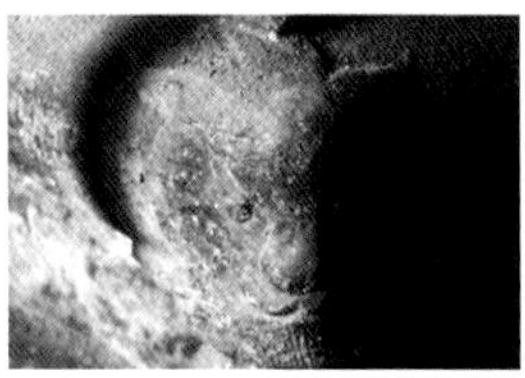

图2.1.5.30 神秘的虎头石雕

齿插销的圆形金属门鼻子，构造别致（图2.1.5.23、图2.1.5.24）。透窗、台案的雕饰，具有简洁浪漫的特点（图2.1.5.25～图2.1.5.27）。村内尚存古井两口，其中一口井外圈的八边形石栏上，刻有“同治六年造宝井”，字迹仍然清晰可辨（图2.1.5.28、图2.1.5.29）。墙角的虎头石雕神态凝重，造型简练（图2.1.5.30）。

（六）大箕铺镇水南湾古民居

水南湾位于大冶市东山西麓，是大冶市与阳新县交界处的一个古村。民谣有云：“碧水南湾一径斜，门窗墙壁尽雕花。攀谈巷口耕耘叟，嬉戏堂前放牧娃。本自迁居曹氏宅，缘何传说贵妃家。且向星空抬望眼，如玉佳人卧月华。”生动地概括了水南湾的历史传说、景观风貌和生活场景。现在村内的两千多位曹姓居民，都是明朝从江西瑞昌迁居而来。传说当年福建三明知府曹察，有一爱女美貌过人，被选入宫，深得嘉靖皇帝朱厚熜宠爱，1536年册封端贵妃，三年后生下宁安公主，整个家族显赫一时。后来，他们看中水南湾这片风水宝地，于明朝万历年间斥巨资兴建新宅，一百多名能工巧匠耗时13年，在雷山下面开阔的田野间，矗立起一片恢宏的建筑群（图2.1.6.1、图2.1.6.2）。水南湾最早兴建于1597年，设有9个大门，连通36个天井院，数百间房屋形成庞大的建筑群体。几百户族人同住在一个大宅内，晴天串门不打伞，雨天串门不湿鞋，最多时住有曹姓村民400多户、2000余人。2006年2月4日，新华社播发《湖北发现2000人共居大型古民居》新闻稿，人民网、央视国际、中国文化报等120多家媒体相继转载。村内残存的院落、门廊和浣衣池，仍然记载着当年的生活印迹（图2.1.6.3～图2.1.6.5）。原来的水南湾，以九如堂、前广场及大水塘为中轴，构成“天人合一”、围水而居的格局。可惜后来池岸被完全硬化，加上简陋的石栏杆隔断了人、建筑与自然的联系，破坏了村落的生气（图2.1.6.6、图2.1.6.7）。

水南湾的核心建筑为九如堂、承志堂和敦善堂。九如堂是水南湾人的祖堂，是村落中最具特色的建筑。大厅匾额是明朝谏议大夫曹大箕，为村里汪太淑老人题赠。“九如”出自《诗经·小雅·天保》，题匾人将其中祝颂君主之意，转用为追慕君子之德、南山之寿。其正门两侧的八字墙上，绘有大幅麒麟图案，屋脊采用“双龙追日”雕塑，体现不凡的皇家背景；宽阔的外廊式槽门入口、

图2.1.6.1 背靠雷山的村落

图2.1.6.2 建筑围绕水塘布局

图2.1.6.3 残存的天井院

图2.1.6.4 门廊

图2.1.6.5 浣衣池

图2.1.6.6 参差的倒影

图2.1.6.7 被硬化的池岸

图2.1.6.8 九如堂正门

图2.1.6.9 吞口墀头

图2.1.6.10 入口抱鼓石

图2.1.6.11 大堂

图2.1.6.12 后院阁楼

图2.1.6.13 显赫的祖屋

图2.1.6.14 檐廊式槽门

图2.1.6.15 “泽绵万世”匾

精美的吞口墀头、巨大的抱鼓石与延绵的云纹浮雕、高耸的大堂与屏门、后院的外挑阁楼等，都具有鲜明的鄂东南特色（图2.1.6.8～图2.1.6.12）。村内最早的祖屋，其豪华程度丝毫不输九如堂，这栋宏大的七开间两层砖木建筑，也是体现曹家显赫历史的代表作（图2.1.6.13）。高敞的入口轩廊（图2.1.6.14）、遒劲的“泽绵万世”门匾（图2.1.6.15）、绚丽的雀替撑栱（图2.1.6.16）、硕大的石雕抱鼓（图2.1.6.17），无不演绎着浩荡的皇恩。抱鼓石表面连绵的卷云、鼓芯雕刻的“万象更新”图案（图2.1.6.18、图2.1.6.19），无不延续着楚地的浪漫风情。开阔的内院空间（图2.1.6.20～图2.1.6.24）、高敞的通廊（图2.1.6.25、图2.1.6.26）、精美的石雕栏杆（图2.1.6.27），也显然超出了民间宅邸的形制。

现在，水南湾古民居残存的后院已经变成了菜地（图2.1.6.28）。主轴上的天井院比一般古民居宽敞，侧院比较狭窄，靠外墙设有单边采光天井（图2.1.6.29～图2.1.6.34）。残存的木雕、石雕、砖雕很多，题材大致分为日常生活、伦理教化、神话传说、戏文故事、花鸟虫鱼、书文楹联六类。各

图2.1.6.16 雀替撑栱

图2.1.6.17 石雕抱鼓

图2.1.6.18 延绵云纹

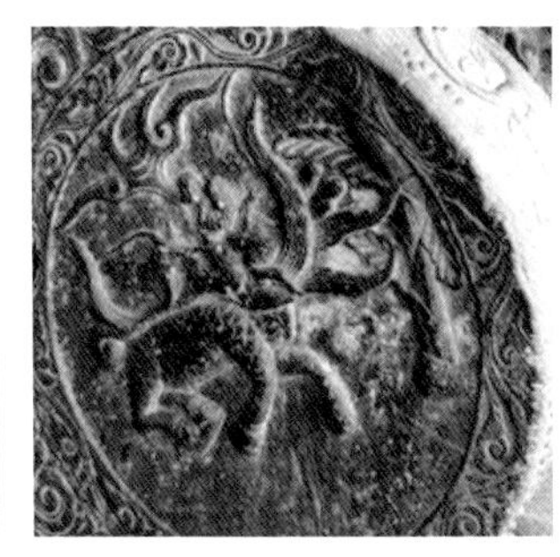

图2.1.6.19 鼓面雕刻瑞兽

图2.1.6.20 开阔的天井院

图2.1.6.21 天井侧立面

图2.1.6.22 过厅

图2.1.6.23 小天井

图2.1.6.24 敞厅

图2.1.6.25 外廊券门

图2.1.6.26 券廊

图2.1.6.27 精美石栏

图2.1.6.28 残存的后院

图2.1.6.29 天井院

图2.1.6.30 侧院

图2.1.6.31 邻外墙天井

类雕刻都极尽浪漫的想象，施展鬼斧神工的技艺。这些雕刻，有类似徽派的繁复性风格、类似浙派的写实性风格、写实加抽象的组合性风格等，表现出鄂东南特有的融合性艺术特征（图2.1.6.35 ~ 图2.1.6.49）。这些作品有的繁复丰盈，有的清秀古雅，有的灵动诡谲，都将不同风格的艺术特色表现得非常充分，堪称楚地雕刻艺术的瑰宝。石雕透窗，具有古今结合的特色（图2.1.6.50）；图2.1.6.51则是在文字造型中隐含动物造型，表现“福禄寿”的主题，构思奇巧但略欠雅致，应当是民间艺人的杰作。民居内所有的石雕柱础都造型概括，构思超拔，楚汉风韵浓烈，堪称鄂东南

图2.1.6.32 横向通廊

图2.1.6.33 天井阁楼

图2.1.6.34 阁楼巷道

图2.1.6.35 砖木构架

图2.1.6.36 弧形雕梁

图2.1.6.37 挂落雕栏

图2.1.6.38 屏门木雕一

图2.1.6.39 屏门木雕二

图2.1.6.40 木雕窗花

图2.1.6.41 雕屏构造

图2.1.6.42 木雕墙裙

图2.1.6.43 木雕残件

图2.1.6.44 木雕屏门

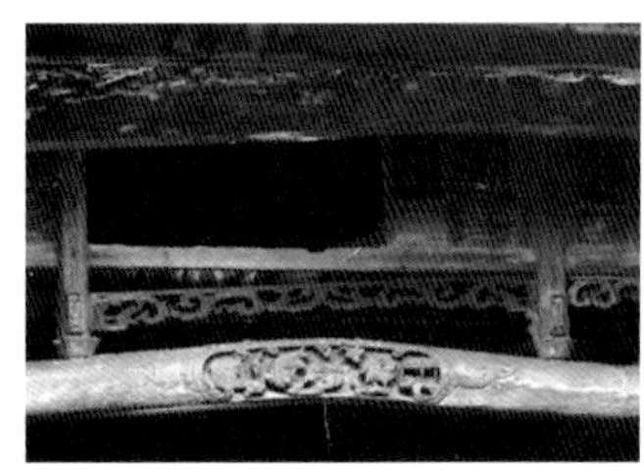

图2.1.6.45 木雕挂落

图2.1.6.46 石雕透窗一

图2.1.6.47 石雕透窗二

图2.1.6.48 蟠龙透窗一

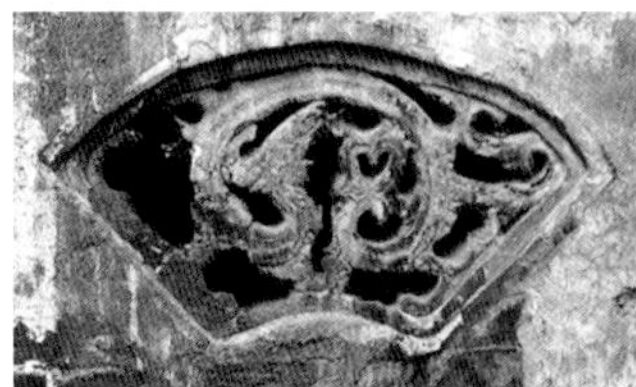

图2.1.6.49 蟠龙透窗二

图2.1.6.50 扇面透窗

图2.1.6.51 福禄寿透窗

图2.1.6.52 瓜礅石柱础

图2.1.6.53 方形石柱础

图2.1.6.54 方混石柱础

图2.1.6.55 门墩柱础

图2.1.6.56 贴墙柱础

石雕艺术的代表，数量太多，只能略举几例（图2.1.6.52～图2.1.6.56）。

（七）大箕铺镇八流村古民居

八流村由8个姓氏、20个自然村湾组成。村落始建于明代，位于七峰山和龙角山之间，背靠太婆尖，历经五百年风雨洗礼，古民居建筑多已颓毁，保留较完整的古民居基本都集中在八流湾。徜徉于美景古宅之间，不得不令人感慨："八分细流会村口，一条大港绕田畴，不闻林间鸡犬声，断垣残壁掩幽竹。"古宅虽已不堪居住，但错落的布局、高耸的山墙、精美的墀头、依稀的檐画、错综的巷道，仍然在叙述着昔日农业文明的盛景（图2.1.7.1～图2.1.7.6）。尤其难得的是，在破败的天井院中，依然保留着一些精彩的木雕构件，由于它们都采用高品质的硬木制作，所以在其他木构件都基本垮塌的今天，几处木结构窗栏还保存得相当完整（图2.1.7.7～图2.1.7.11），它们或婉转流畅，或古雅刚劲（图2.1.7.12），或繁缛严整（图2.1.7.13），或空灵浪漫（图2.1.7.14），无不体现出高超的技艺和强烈的动感，堪称楚地古代木雕艺术的瑰宝。

图2.1.7.1 错落有致的布局

图2.1.7.2 残存的砖木结构

图2.1.7.3 耸立的高墙

图2.1.7.4 精美的墀头

图2.1.7.5 简朴的悬山

图2.1.7.6 荒废的巷道

图2.1.7.7 花窗雕栏

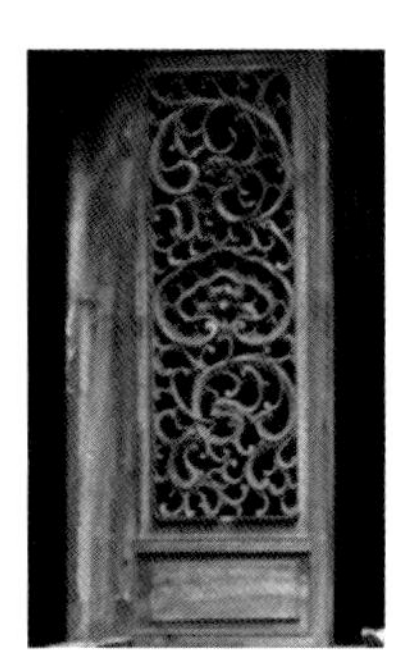

图2.1.7.8 透雕花窗

图2.1.7.9 花窗纹饰

图2.1.7.10 雕栏窗格

图2.1.7.11 雕栏立面

图2.1.7.12 古雅雕栏

图2.1.7.13 繁缛楼栏

图2.1.7.14 浪漫撑栱

小结：大冶市位于古代“青铜走廊”腹地，为较早纳入楚国版图的地区，浪漫的楚文化传统深刻地影响了这里古民居的风格。丰富的矿藏、两千多年的开发史，使这里一直是湖北较富裕的地区，良好的经济条件催生了大量精美考究的古民居。这里遗存的古民居，既吸收了周边建筑的精华，又传承了灵动浪漫的荆楚遗风，鲜明地表现出鄂东南的建筑风格。尤其是建筑装饰，都具有构图饱满、构思诡谲、造型流畅的特点，堪称荆楚浪漫主义艺术的典范。

二、阳新县古民居调研

阳新县在春秋战国时期属楚地，自西汉设县，已历经22个世纪，现属黄石市管辖。它位于湖北省东南，西南接通山县和江西省武宁县，东北隔江与蕲春县、武穴市相望，西北连咸宁市、大冶市，东南紧邻江西省瑞昌市。阳新县地理条件优越，地处长江中游南岸、幕阜山脉北麓，境内有省级生态旅游风景区仙岛湖和七峰山，山川秀丽，景色迷人。地势最高海拔862.7米，最低海拔8.7米，属鄂东南低山丘陵区，境内中小湖泊较多，被誉为“百湖之县”。这里属亚热带季风气候，夏热冬冷，年均气温16.8℃，极端最高气温41.4℃，极端最低气温-14.9℃。年均日照1897.1小时，年均降雨量1389.6毫米。阳新县列入《中国传统村落保护名录》的村落有：浮屠镇玉堍村、排市镇下容村阚家塘村。这两个村的古民居比较集中，其他村落散落的古民居中发现的一些特色民居，也被我们一并纳入到调查成果之中。

（一）浮居镇玉堍村李蘅石故居和李氏宗祠

玉堍村位于浮屠镇东部黄姑山下，群山环绕，山泉成溪，林木葱茏，风光优美。村落选址于山脚下的一片缓坡地，蜿蜒的溪流如一条玉带从村前流过，村内道路顺应地势，古民居背靠绵延的山脉呈扇形布局，与山水有机结合（图2.2.1.1）。建筑围绕祠堂布局是玉堍村的特色。围绕李氏家族总祠的古民居，构成了村落的核心组团；其他三个较小的组团中，古民居围绕支祠布局，为各族内各支脉的居住区（图2.2.1.2、图2.2.1.3）。

晚清时期，大臣李蘅石因收复新疆伊犁有功，被清政府钦加二品顶戴，封光禄大夫，授新疆按察使、甘肃布政使。李蘅石晚年还居故里，捐款建义学、兴公益，深受乡人爱戴。李蘅石故居和李氏宗祠为鄂东南规格较高的宅第。故居面阔五间，内设二进天井院，建筑高大，空间宽阔，用料厚实，规格高于一般民宅（图2.2.1.4、图2.2.1.5）。明间宽阔的门廊式槽门，为防晒避雨的过渡空间（图2.2.1.6、图2.2.1.7）。檐下立柱为石雕宝瓶柱础，“一柱二材”做法（图2.2.1.8），上托檐枋廊轩，外挑檐檩，枋下设精美的木质透雕挂落，门楣采用整石阳刻“光禄大夫”门匾（图2.2.1.9）。精致的跌级山墙构成完整的韵律，两端采用具有鄂东南特色的吞口墀头（图2.2.1.10、图2.2.1.11）。可惜檐下的细节在维修中被粉刷覆盖，檐画和“步步锦”彩色雕饰依稀可辨（图2.2.1.12）。由于是官宅，宅内两进天井院三进厅堂的布局对称有序，进入大门是门厅，往后依次为正厅、祖堂，两侧分设厢房阁楼。故居虽然空间进深很大，但来自天井的光线改善了环境，内部并不感到阴暗。在一进空间与二进空间、二进空间与三进空间之间设有隔扇门，能在夏季完全打开，形成前后贯通的风

图2.2.1.1 群山环绕玉堍村

图2.2.1.2 村落景观

图2.2.1.3 民居鸟瞰

图2.2.1.4 李蘅石故居鸟瞰

图2.2.1.5 故居透视

图2.2.1.6 故居立面

图2.2.1.7 入口槽门

图2.2.1.8“一柱二材”门廊

图2.2.1.9 门额石匾

图2.2.1.10 组合山墙

图2.2.1.11 山墙侧面断痕

图2.2.1.12 檐口砖雕画框

图2.2.1.13 天井院上空

图2.2.1.14 从天井看厢廊

图2.2.1.15 石柱直抵横梁

图2.2.1.16 木雕隔扇与楼栏

图2.2.1.17 正厅藻井

图2.2.1.18 天井连檐

图2.2.1.19 李氏宗祠立面

图2.2.1.20 牌楼式入口

图2.2.1.21 砖砌灰塑垂花门檐

道，带走炎热潮湿的空气（图2.2.1.13）；在天井院两侧，还设有横向的厢廊（图2.2.1.14），以获取各个方向的通风。古宅内的立柱常见“一柱二材”的做法，还有用石柱直接托梁的（图2.2.1.15）。正堂和祖堂的用料最为粗壮，梁面通常雕有忠孝故事、神话传说等内容，依稀还能看到残存的描金装饰（图2.2.1.16）；正厅顶棚采用两级船篷轩托八边形藻井（图2.2.1.17），天井上空设连檐，衔接前后厅堂（图2.2.1.18）。

玉埦村李氏宗祠兴建于光绪二十六年（1900年），占地达1680平方米，为四进天井院。青石门楣上嵌“李氏宗祠”匾额，入口上方设有精致的砖砌灰塑垂花门檐，门檐上方墙体局部升高，与两侧的组合式山墙和吞口墀头共同组成山字形立面轮廓，楚地特色鲜明（图2.2.1.19～图2.2.1.21）。在宽敞的前院内设戏台，戏台居于1.7米高的过厅上方，从正门进入祠堂必须低头躬身，以示尊敬祖先。围绕戏台，三面设有二层的环廊，提供了良好的观赏视线（图2.2.1.22）；戏台翼角高翘，振翅欲飞（图2.2.1.23），台口立柱为“一柱二材”，檐枋依木材曲度自然加工，雕刻“五龙图”，顶上设置覆斗式凤翔藻井（图2.2.1.24、图2.2.1.25）。后面天井院依次设正堂、过厅、祖堂（图2.2.1.26、图2.2.1.27）；两侧设有义学、茶室、酒厅等功能。在戏楼两侧屋面，设有小尺度的“虎眼”天井，两侧山墙层层叠瓦，做成了极为厚实的“衮龙脊”，突出家族地位和建筑气势（图2.2.1.28、图2.2.1.29）。戏楼和正堂立柱下面，均设有石雕宝瓶柱础，雕刻花鸟云兽，虽造型不同，雕刻主题

图2.2.1.22 祠堂内院

图2.2.1.23 院内戏楼

图2.2.1.24 戏台大梁“五龙”木雕

图2.2.1.25 戏台藻井牌匾

图2.2.1.26 正堂牌匾

图2.2.1.27 祖堂天井院

图2.2.1.28“虎眼”天井

图2.2.1.29 厚实的“衮龙脊”

图2.2.1.30 戏楼石柱础

图2.2.1.31 戏楼石柱础

图2.2.1.32 正堂石柱础

图2.2.1.33 正堂石柱础

图2.2.1.34 明代风格雕饰

图2.2.1.35 明代青石双井

也不相同，但所有柱础构图都极严谨，线型流畅，工艺精到（图2.2.1.30~图2.2.1.33），具有明显的明代艺术风格（图2.2.1.34）。村内还保留着修于明代、至今不涸的青石双井（图2.2.1.35），植于明代、古木新枝的合抱大树，都是宝贵的文化财富（图2.2.1.36）。

图2.2.1.36 百年古树

图2.2.2.1 隐匿深山的民居

图2.2.2.2 李家大院

图2.2.2.3 依坡而建

图2.2.2.4 吞口墀头

图2.2.2.5 鄂东南大型古民居的典型立面

图2.2.2.6 主入口“盘谷风清”槽门

图2.2.2.7“峦屏锦绣”墙门

图2.2.2.8“崇岩毓秀”墙门

（二）排市镇下容村阚家塘古民居

排市镇阚家塘村，坐落在溪岩山西南的山脚下（图2.2.2.1）。这里的古民居，首推李家大院，它始建于清乾隆年间。李氏后裔遵循尽量保护农田山林的祖训，续建房屋只向山坡的空隙处扩展，历经三百余年，形成宽近百米、进深近60米、36个天井、108间房屋的庞大规模。建筑总体布局追求严整，局部扩展自然，既能看到严谨的儒家伦理，又能看到自在的荆楚遗风（图2.2.2.2）；三进天井院落均依台地逐级而上，建筑群处在五个不同的标高处，与场地结合得十分自然（图2.2.2.3）。长条形立面、三门道构图、槽门入口、石雕门套、矩形门墩、吞口墀头，是鄂东南大型民居最典型的做法（图2.2.2.4、图2.2.2.5）。在建筑的中心轴线，布置“盘谷风清”主入口槽门（图2.2.2.6）；在两侧次入口分别设置“峦屏锦绣”（图2.2.2.7）、“崇岩毓秀”墙门（图2.2.2.8）。这些入口匾联，充分表现出房屋主人陶然自然山水、追求自在生活的文化取向，运用文字描述家乡的美景，折射主人隐居田园的理想。

阚家塘的古民居中，保留比较完整的天井院很少，多数空间已经不完整了，构造零落，有些阁楼已经摇摇欲坠（图2.2.2.9～图2.2.2.12）。但梁枋的雕饰让我们不得不叹服古代工匠高超的写实能力（图2.2.2.13、图2.2.2.14）；梁头的雕饰也让我们不能不赞赏这些抽象图案古雅奔放的艺术品位（图2.2.2.15～图2.2.2.17）。阚家塘古民居的门套尤其讲究，主入口门套托角石、门楣仿石门簪的雕刻，都是鄂东南古民居中最精美的（图2.2.2.18、图2.2.2.19）；连天井院内不同标高的门、侧院通道的门洞，也全部采用了石雕门框，并在门楣上刻有“望隆鹿洞”匾额，其寓意源于宋代朱熹讲学的白鹿洞，可以判断为书院入口，有弘扬“程朱理学”的含义（图2.2.2.20～图2.2.2.22）。

走进饱经百年风雨的阚家塘，已很难找到过去“青砖小瓦马头墙，天井回廊花格窗”的考究的景象。这里的门窗大多不知去向。有一处隔扇门采用透雕花板分隔直棂，体现了当地的特色，但隔扇门造型左右不一，显然是拼凑的结果（图2.2.2.23）。天井院内厢房的门窗也已经失去基本功能（图2.2.2.24），祖堂两侧厢房的墙面，也留下了多次改建的痕迹（图2.2.2.25）。在侧院设半围

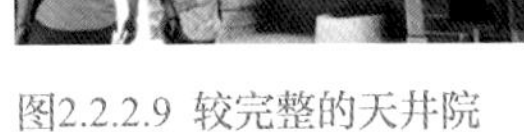
图2.2.2.9 较完整的天井院

图2.2.2.10 损毁的空间

图2.2.2.11 残存的隔扇与楼栏

图2.2.2.12 摇摇欲坠的阁楼

图2.2.2.13“马厩”雕饰

图2.2.2.14 动物雕饰

图2.2.2.15 抽象云纹图案

图2.2.2.16 卷草飞凤图案

图2.2.2.17 卷草回龙图案

图2.2.2.18 入口石雕门套

图2.2.2.19 托角石与门簪雕饰

图2.2.2.20 天井院门套

图2.2.2.21 侧院门洞

图2.2.2.22“望隆鹿洞”门楣

图2.2.2.23 拼凑的隔扇门

图2.2.2.24 厢房与通廊景观

图2.2.2.25 后天井与祖堂

图2.2.2.26 侧院采光

图2.2.2.27 侧门与连檐

图2.2.2.28 天井石栏

图2.2.2.29 静谧的山村

合的条形采光天井，下设排水沟，在侧门上方设连檐代替雨篷，是鄂东南常见的做法（图2.2.2.26、图2.2.2.27）。天井周边加设石栏，防止雨水溅湿廊道和墙裙，也是比较考究的做法（图2.2.2.28）。在离开的一瞬回望阚家塘，庞大的古民居群落逐渐化入烟雨之中，仅有简易的围栏充当前景，一栋土屋掩映在古木之间，真乃人间仙境（图2.2.2.29）！

湖北各地许多寥落的土屋，几乎都是两坡悬山，这简易而实惠的构造也许就是楚地民居的雏形。而我们现在很多新建的单体农房，本来没有邻居窜火的隐患，却偏要模仿徽派的封火山墙，就未免费而不惠、画蛇添足了。

（三）王英镇大田村伍氏宗祠

大田村伍氏宗祠背靠青山面对溪流，坐南朝北，视野开阔，占地达2700平方米，号称全国最大的伍氏宗祠（图2.2.3.1）。始建于清顺治十年（1653年），三百多年来屡有重修，但基本保持了原貌。建筑立面造型结合三个门道，将徽派建筑的山墙轮廓转向正面，组成起伏的韵律构图，立面采用两湖民居的牌楼式做法，构图宏大、个性鲜明，是融合外来风格创造荆楚建筑特色的典型案例（图2.2.3.2、图2.2.3.3）。中间主入口采用拱形石雕门框，下面设一对硕大的抱鼓石，门框内雕一对狮子滚绣球，门楣浮雕世俗风景，横梁上为“渔樵耕读”立体浮雕，因自然剥离与人为破坏，细节已难以辨别（图2.2.3.4 ~ 图2.2.3.7）。屋脊中间的兵器雕塑，为尚武的伍氏家族的图腾（图2.2.3.8）。

伍氏宗祠用建筑围合出开阔的前院，戏台背靠门楼，可容纳上千人看戏，两侧残存的二层环廊，透出当年戏曲文化的繁盛景象（图2.2.3.9）。戏台对面的七开间祖祠主殿，面宽24米，进深50米，为一路二进天井院空间。祖祠前面设先祖伍子胥雕像，上方高悬四柱三间吊脚重檐门楼，垂柱、回栏、额枋、挂落都极为精美（图2.2.3.10、图2.2.3.11），屋面两边配置具有鄂东南特色的云形山墙和吞口墀头（图2.2.3.12），表现出浪漫的地域风情。每年“秋祭”是最重大的祭礼，所以要在祖祠前设置栅栏，使鼎沸的人群不影响祭奠仪式（图2.2.3.13）。祖祠第一进是天井院过厅，藻井

图2.2.3.1 宗祠鸟瞰

图2.2.3.2 牌楼式立面

图2.2.3.3 建筑透视

图2.2.3.4 拱形石雕门框

图2.2.3.5 硕大的抱鼓石

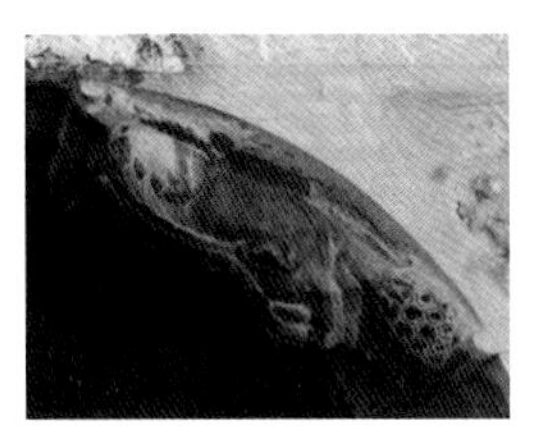

图2.2.3.6 券门内侧石雕双狮

图2.2.3.7 门楣和横梁浮雕

图2.2.3.8 牌匾与图腾

图2.2.3.9 院内戏台立面

图2.2.3.10 戏台对面的祖祠

图2.2.3.11 雕像和门楼细部

图2.2.3.12 吞口灯笼墀头

图2.2.3.13 秋祭活动

图2.2.3.14 过厅顶棚

图2.2.3.15 从天井院看享殿前厅

图2.2.3.16 祭拜堂前厅

图2.2.3.17 祭拜堂藻井与牌匾

图2.2.3.18 祭拜亭台

施五福捧寿彩绘图案，过梁上挂有清代名人陈光亨题写的“世德发祥”匾（图2.2.3.14）；从过厅通过天井院，是祭拜殿前厅；前厅、天井院与过厅，由五组石雕立柱支撑，共同组成高大宽敞的过渡空间（图2.2.3.15），也是祭典结束后族人聚会、宴饷、商讨事务之地；过厅上方设八方太极藻井，梁上悬挂着“公忠二毂”牌匾（图2.2.3.16、图2.2.3.17）；进入祭拜堂，到达空间的高潮，祭拜台和祭拜亭设在天井院中央，两组台阶牵边端头设有四只石狮（图2.2.3.18），中间两只石狮拱卫着高大的石雕香炉，在八边形炉座和六边形香钵之间，设有两段瓜形束腰，雕饰动植物和素八仙图案，简洁得体，是罕见的石雕珍品（图2.2.3.19）；拜殿尽端为神龛，供奉伍子胥坐像，上挂“树德堂”牌匾，所以祭拜殿又称树德堂（图2.2.3.20）；祭拜殿后面的祖堂，供奉有历代祖先的画像和牌位。伍氏宗祠是湖北省古民居的优秀案例，不仅是缅怀伍氏先祖“公忠二毂”崇高品德的地方，也是传承“不仕官，忠报国，心为民”家训的场所。祖祠前两进殿堂装饰较为节制，在第三进殿堂中，则发现了大量精美的木雕与石雕，如图2.2.3.21的云龙锦鲤地雕，图2.2.3.22的花果鸣禽地雕，都体现

图2.2.3.19 石雕香炉

图2.2.3.20 伍子胥神龛

图2.2.3.21 云龙锦鲤地雕

图2.2.3.22 花果鸣禽地雕

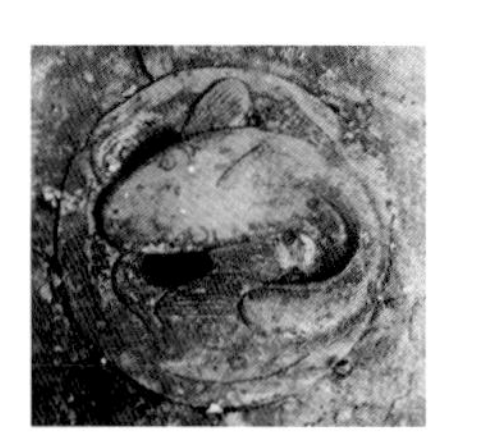
图2.2.3.23 石雕鲢鱼地漏

出娴熟的技艺；图2.2.3.23的石雕鲢鱼地漏，不仅运用鱼的动态掩藏了三个泄水口，并含有“年年有余”的寓意。

（四）三溪镇木林村枫杨庄古民居

三溪镇木林村的枫杨庄，为乐姓单族聚落。这个古村落成已有二百五十余年，因村落周边遍植枫树和杨树而得名。由于建设村庄的岗地周边比较开阔，没有明显的“靠山”“水口”，他们就在村落周边广植林木以为“靠”，在村口开挖大型汇水池以为“口”，在村落中心留出完整的空地象征“明堂”，形成了和谐安定的生活环境，是古村落“再造风水”的范例（图2.2.4.1）。古民居以乐氏祠堂前面的带状场地为中轴，面对水口向周边自然延展，布局坐北朝南，和谐严谨。祠堂前宽阔的场地视野开阔，既有集散、交往功能，又是共用的晒谷场，中轴两侧布置天井院建筑，集中而紧凑（图2.2.4.2）。这些民居大多建于清朝乾隆年间，由于年代久远，毁损严重，但优雅的云形山墙、精致的雕花门窗、考究的石雕门套仍然讲述着当年富庶的农耕生活。

枫杨庄古民居的墀头虽然造型简略，但细节仍然比徽派建筑的墀头要丰富（图2.2.4.3）。结合功能构造将墀头组织成构图韵律，在鄂东南是不多见的（图2.2.4.4）；将跌级墀头转化为跌级体量的构图也是少有的（图2.2.4.5）；将云形山墙的轮廓用于建筑正立面，形成浪漫的构图，是该村古民居的一大特点（图2.2.4.6）。在村落的核心区，留有开阔的室外场地（图2.2.4.7）；在边缘的密林

图2.2.4.1 密林环抱的枫杨村落

图2.2.4.2 严谨和谐的布局

图2.2.4.3 叠涩墀头

图2.2.4.4 墀头组成韵律

图2.2.4.5 跌级体量构图

图2.2.4.6 建筑立面借用云形山墙

图2.2.4.7 村落中心的开阔场地

图2.2.4.8 深藏密林的古民居

图2.2.4.9 石雕门套

图2.2.4.10 石门套内木雕门楣

图2.2.4.11 “望重魏周”门匾

图2.2.4.12 残存的天井院

图2.2.4.13 残存的砖木结构

图2.2.4.14 残存的阁楼栏杆

图2.2.4.15 残存的井口构造

图2.2.4.16 雕梁与鹤颈轩

图2.2.4.17 木雕门扇

图2.2.4.18 马王堆帛画

图2.2.4.19 门扇图案

中，也有古老的院落（图2.2.4.8）。该村古民居用料考究，几乎家家都采用石雕门套（图2.2.4.9）；但在门套内侧紧贴木雕门楣的做法，也只发现了一个案例（图2.2.4.10）。乐氏祠堂上方的“望重魏周”门匾，应该是宣扬乐氏祖先的历史功绩，但这里的“魏周”是不是隋唐之前的西魏北周，还有待考证（图2.2.4.11）。

虽然村内建筑颓毁严重，但可以看出以砖墙承重为主，具有鄂东南特点的结构与构造（图2.2.4.12 ~ 图2.2.4.15）。从残留的雕梁、厅轩和透雕门扇，可以看到当时的室内装修是相当华丽的（图2.2.4.16、图2.2.4.17）。用马王堆出土的帛画（图2.2.4.18）对照这里的门扇图案（图2.2.4.19），联想到《楚辞》中描绘的“八龙婉婉”的景象，可以看到楚汉浪漫主义文化传承的脉络。古民居的外门均为简洁的实木板门（图2.2.4.20），从简洁的板门进入室内，却能看到极为精美的透雕花窗（图2.2.4.21）；在简洁的实墙上，也能发现特别的花格窗（图2.2.4.22）。贯穿村内的石路，也给我们留下深刻的印象。如结合找坡与台阶，化解较大的高差（图2.2.4.23），自然铺设在青苔与小草之间的形状不一的石板（图2.2.4.24），都体现出古老村落的景观特色。

（五）白沙镇梁公铺梁氏宗祠

位于白沙镇黄塘村的梁氏宗祠，又称“光裕堂”。它背靠小箕山，左扶赤马、右倚七峰，灰

图2.2.4.20 实木板门

图2.2.4.21 木雕花窗

图2.2.4.22 特殊的窗格图案

图2.2.4.23 阶梯窄巷

图2.2.4.24 青石板路

图2.2.5.1 靠山面水布局

图2.2.5.2 横三段立面构图

图2.2.5.3 石雕花窗

图2.2.5.4 八字墙柱廊槽门

图2.2.5.5 云形山墙与墀头

图2.2.5.6 灰塑门匾

图2.2.5.7 石雕门框与门枕

砖黛瓦、布局规整，北据缓坡、南邻湖水，视野非常开阔（图2.2.5.1）。祠堂始建于清康熙年间，距今有三百多年。据梁氏族谱记载，当年主持祠堂修建的是康熙朝正二品大员梁勇孟，由梁氏宗族六大户头出资共建。建筑采用三路天井院空间，算上阁楼共有房屋99间，总建筑面积达2400多平方米。建筑采用对称的横三段立面构图，中间设祖堂和主入口，两个次入口内退，两侧辅助用房各设三个石雕透窗，形成完整的建筑格局（图2.2.5.2、图2.2.5.3）。主入口采用八字墙柱廊槽门（图2.2.5.4），云形山墙上设衮龙脊、下设披水脊，中间吞口墀头含狮子，两侧吞口墀头含灯笼（图2.2.5.5）。灰塑门匾边框绘有精细的水云纹（图2.2.5.6），门套两侧设矩形门枕石，门槛、门枕均有精细的雕刻，分立两侧的抱鼓石应当是由他处移来（图2.2.5.7）。建筑天井院分前中后三进，门厅、戏台、观演区合为一进，院落宽敞，内设回廊贯通两侧厢房（图2.2.5.8）。

值得一提的是，在两侧回廊后面，还建有对称的两个花厅“饮福厅”和“受胙厅”，是族人宴饮、娱乐的场所（图2.2.5.9、图2.2.5.10），花厅与享堂之间，设有对望的景门（图2.2.5.11）。另外专门配有厨房、宾兴馆、钱谷房，每当族里有大型活动，各分户会轮流出资请戏班，可同时摆上百桌宴席款待族人与宾客。第二进天井院为享堂，中间设祭台，悬匾额，两侧设有鼓乐楼（图2.2.5.12），其屋顶二龙戏珠与飞鱼脊饰，是鄂东南最华美的（图2.2.5.13）。博风板上的透雕也很有个性（图2.2.5.14）。顶棚上图画云龙天象藻井，颇有屈原观看的神庙壁画意境（图2.2.5.15）。享堂与祖堂之间的过厅，由连檐分隔出左右双天井，上面装饰有五福太极藻井（图2.2.5.16）。第三进天井院为祖堂，设神龛供奉祖先塑像和牌位（图2.2.5.17）。在祖堂两侧设偏廊，衔接先贤祠和

图2.2.5.8 戏台和环廊

图2.2.5.9“饮福厅”

图2.2.5.10“受胙厅”

图2.2.5.11 从花厅望享堂

图2.2.5.12 歇山顶享堂

图2.2.5.13 屋脊雕饰

图2.2.5.14 博风板收边

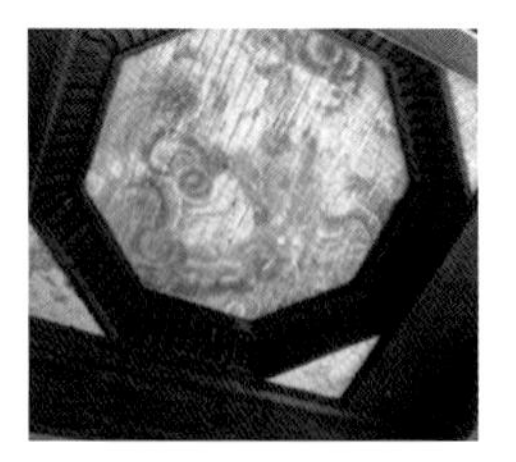

图2.2.5.15 图画云龙藻井

图2.2.5.16 过厅藻井与双天井

图2.2.5.17 后院祖堂

图2.2.5.18 两侧偏廊

图2.2.5.19 精美地雕

乡贤祠，与主祠三祠并立，鄂东南仅此一例（图2.2.5.18）。在建筑重点部位，还设有精美的地雕（图2.2.5.19）。梁氏宗祠这一案例，体现出典雅的礼仪文化、浪漫的荆楚文化、细致的功能安排与活泼的现实生活相互融通的特征。

小结：地处鄂赣边陲的阳新县，与外省的文化交流极为频繁，粗看这里的古民居，似乎比湖北省其他县市的建筑风格更接近江西和安徽；细品则不然，无论布局、空间、结构、造型还是装饰，都在汲取外来形式的基础上，进行了贴近生活、富有生气的创造，呈现出得体的功能组织、丰富的空间层次、浪漫的建筑形式、考究的装饰处理，使建筑形成了融合创新的特点；阳新县的古民居还有装饰考究、工艺精湛的特点，很多装饰图案都显示出浪漫的想象力和高超的造型能力，达到的效果令人惊叹。

三、鄂州市古民居调查

鄂州市先秦时属楚，称鄂郡，秦代设鄂县。1983年，鄂城市、鄂城县及江北的黄州镇、长江乡合并，成立省辖市。鄂州市位于湖北东部，长江中游南岸，西邻武汉，东接黄石，北望黄冈。鄂州属亚热带季风气候区，年均降雨量1282.8毫米，年均无霜期266天，平均气温17℃，最高气温

40.7℃，最低气温-12.4C，年均降雨量1200～1500毫米，年均日照2038～2083小时。夏热冬冷，四季分明。鄂州资源丰富，物产富饶，素有“鄂东聚宝盆”美称。优越的区位和便利的交通条件，既推动了经济快速发展，也使大量历史建筑遗存被大量毁灭。在2009年第三次全国不可移动文物普查时，鄂州共收录古建筑、古民居56处，以葛店开发区武城村及附近的陈镇、仕屋、大湾、曹岭、张袁等村较为集中，以武城村胡家大湾民居群及短咀湾民居群保存较为完整。如今，这些榜上有名的建筑文物大多已经不见踪迹。

（一）龙蟠矶观音阁

鄂州出土的东汉陶楼是当地建筑历史的见证，说明在低洼的水网滩地筑台建阁具有悠久的传统，并对后来的建筑产生影响（图2.3.1.1），保存尚为完整的观音阁，就是筑台建阁的现存案例（图2.3.1.2）。观音阁建在小东门外长江的龙蟠矶上，距离岸边约200米，坐东朝西逆水而立，阁长24米，宽10米，高14米，总面积300多平方米，是典型的砖木结构亭阁式建筑（图2.3.1.3、图2.3.1.4）。观音阁始建于宋代，重修于清同治三年（1864年），当年的钦差大臣官文，亲自为观音阁题书“龙蟠晓渡”，刻于观音阁主入口门楣上。时人王家璧著有《重修龙蟠矶寺记》，说明观音阁在清代名为“龙蟠矶寺”（ 图2.3.1.5、图2.3.1.6）。

观音阁虽然历史久远，屡毁屡修，但基本格局一直没有改变。建筑采用砖木结构、高墙小窗（图2.3.1.7），屋面采光通风的天井极小（图2.3.1.8），这种紧凑的内向型格局，体现了鄂东南先民应对夏热冬冷气候、缓解酷暑严寒侵袭的建筑智慧。大量拱券门洞、弧形窗檐的运用，则反映出清末湖北建筑汲取外来元素的变化，对研究地域建筑风格的演变具有重要意义（图2.3.1.9）。基座以红色条石垒成，由石砌台阶拾级而上，角部有观望水情的三角亭（图2.3.1.10）。屋面脊饰、山墙轮廓、角亭起翘不如北方稳重，也不像江南那么轻巧，具有湖北晚清建筑的特征（图2.3.1.11）。从观景平台可以进入西、南两个门洞（图2.3.1.12、图2.3.1.13），南入口采用两湖民居的牌楼式门檐，“小蓬莱”门匾呼应观音阁的道教主题，但券门两侧的对联却有“佛法西来”的内容（图2.3.1.14、图2.3.1.15），体现出文化的兼容性。内部朱槛回廊，层次丰富（图2.3.1.16）。建筑共设一亭、三

图2.3.1.1 出土汉代陶楼

图2.3.1.2 立于矶头的观音阁

图2.3.1.3 面对上游的西立面

图2.3.1.4 西立面近观

图2.3.1.5 主入口门檐

图2.3.1.6“龙蟠晓渡”牌匾

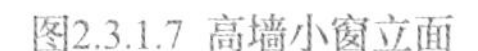

图2.3.1.7 高墙小窗立面

图2.3.1.8 屋面鸟瞰

图2.3.1.9 南立面近观

图2.3.1.10 石砌阶梯与三角亭

图2.3.1.11 角亭与屋脊

图2.3.1.12 入口平台

图2.3.1.13 入口门厅

图2.3.1.14 “小蓬莱”入口

图2.3.1.15 门匾对联

图2.3.1.16 室内拜殿与屏门

图2.3.1.17 观音阁鸟瞰

殿、二楼，由西向东依次为观澜亭、东方朔殿、老君殿、纯阳殿、寅宾楼、客堂、丹房、斋厨。阁内既有东方朔殿，也有老君殿、纯阳殿、寅宾楼；既拜石雕观音，也供石刻八仙，特点是“三教合一、道教为主”，被誉为“万里长江第一阁”（图2.3.1.17）。

（二）梁子湖区太和镇胡家老屋

梁子湖区太和镇胡进村后角湾，聚集了很多胡氏家族的祖屋，它们多建于清代咸丰年间，大多损毁严重，保存较好的首推辛亥革命将领胡廷佐的故居。这座建于清代晚期的民居平面呈长方形，占地235平方米，进深18.48米，为一路三开间二进天井院。建筑采用双坡硬山小青瓦屋面，槽门入口（图2.3.2.1），立面上的弧形窗楣，表现出鄂东南晚清建筑的特征（图2.3.2.2）。建筑为砖木结构，插梁抬柱组合构架，由于年久失修，室内构造大部分已经毁坏，但从雕饰精美的垂花柱天井构架和挂落残件，可以看出当时装修的考究。进入槽门，门厅与大堂之间是大块条石铺装的天井，两边为厢房。阁楼栏杆已经毁坏，只有南侧的木楼梯保存较好，残存的梁枋、壁板、门窗构造虽然简洁，亦有楚地款曲多情的遗风（图2.3.2.3）。遗留的墙角石采用写实风格，雕刻也颇为精细（图2.3.2.4～图2.3.2.6）。

其余如胡家老屋坍毁更为严重，其中较大的一栋建筑面积达714.6平方米，面宽24.26米，进深29.1米。建筑有三进天井，形成门厅、客厅、堂屋、祖堂四进空间。天井均用青石板铺就，两侧为

图2.3.2.1 胡廷佐故居立面

图2.3.2.2 拱形窗楣

图2.3.2.3 天井垂花柱与挂落

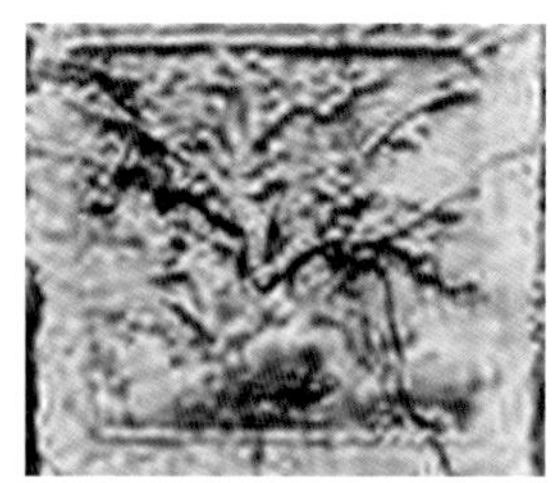
图2.3.2.4 假山梅花浮雕

图2.3.2.5 芙蓉望鹿浮雕

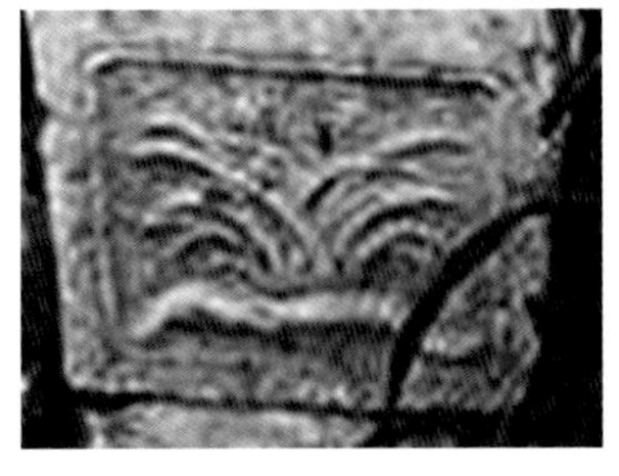
图2.3.2.6 兰花浮雕

图2.3.2.7 自由的山面韵律

图2.3.2.8 以山面为正立面

图2.3.2.9 精到的槽门与墀头

图2.3.3.1 古民居相对集中的上洪村

图2.3.3.2 散落的古民居

二层厢房。古民居采用砖木结构，以墙体支撑梁枋，山墙高低错落，建筑用料考究。粗看太和镇的古民居，感觉和徽派建筑没有区别，细看就能发现：一是不同于徽派建筑山墙面利用规则的跌级进行构图，而是通过高低长短的自由变化，形成错落有致的韵律（图2.3.2.7）；二是敢于把山墙放在正立面，采用简洁的高墙小窗和槽门（图2.3.2.8），不同于徽派建筑以墙门为主，突出立面的门檐和复杂的“三雕”；三是墀头造型非常讲究，不同于徽派过于简单的山墙收头（图2.3.2.9）；四是建筑外墙采用“银滚边”装修，突出砖砌体的构造美，不同于徽派建筑通体粉白；虽然在维修中有的墙面被粉刷掩盖，但多数建筑仍然保持着原貌。

（三）梁子湖区太和镇上洪村古民居

太和镇山清水秀，现存古民居较多，但极为分散且毁坏严重，只有上洪村的古民居相对集中（图2.3.3.1）。从残存的古民居可以看到，它们基本都采用了两坡悬山或两坡硬山夹马头墙的做法（图2.3.3.2、图2.3.3.3）。建筑虽然损毁严重，但从许多遗留的构件仍然能看到当年富庶的景象。如具有湖北特色的吞口墀头（图2.3.3.4），入口上方的鹤颈轩外檐装修（图2.3.3.5、图2.3.3.6），立面上的弧形窗楣（图2.3.3.7），精致得体的砖雕垂柱门檐（图2.3.3.8、图2.3.3.9），优雅浪漫的卷云头窗楣（图2.3.3.10），厚实的石雕门套（图2.3.3.11），精致的木雕图案（图2.3.3.12、图2.3.3.13）等。

图2.3.3.3 不对称的立面

图2.3.3.4 优美的墀头

图2.3.3.5 粉刷掩盖了砖墙石门

图2.3.3.6 槽门上的廊轩

图2.3.3.7 残存的古民居

图2.3.3.8 较完整的立面

图2.3.3.9 牌楼式门檐

图2.3.3.10 浪漫的窗楣

图2.3.3.11 荒芜的遗迹

图2.3.3.12 被破坏的梁下雕饰

图2.3.3.13 被破坏的挂落雕饰

可惜的是，在许多木雕残件中，可以清楚地看到人为砍削的破坏痕迹，使雕刻的人物变得形同鬼魅，使优美的图案失去了生动的风采。

小结：鄂州市资源富饶，物产丰富，素称“鄂东聚宝盆”，富庶的经济曾经催生了大量优秀的古民居，虽然留下的寥寥无几，但残存的建筑遗迹大多空间高大，用料厚实，装饰考究。鄂州位于衔接武汉和黄石的交通要冲，迅猛的经济发展必然会加快建筑迭代，致使今天在鄂州，连一栋完好的古民居都难以找到。有些民居在维修改造中，常常采用大量白灰粉刷，遮盖了建筑清水砖墙与石门套的构造肌理，使檐画、墀头、门檐、窗檐的细节变得模糊不清。虽然如此，在观音阁与其他残存的古民居之中，我们仍然能看到鄂州传统民居的特征和独特做法：一是以砖墙承托木构架为主要结构方式；二是采用高墙小窗内天井，形成相对封闭的内部空间，缓冲夏热冬冷的气候；三是正立面构图采用跌级墙垛、牌楼门檐、精致廊轩；四是室外装饰采用“银滚边”檐口、吞口墀头、弧形窗檐与浪漫窗楣、石雕墙角柱；五是采用垂花柱构架承托天井檐口，创造了天井院的结构美。鄂州古民居的风格，在鄂东南属于相对简约的类型，并具有典型的清末民初湖北建筑特征。

四、通山县古民居调查

通山地区战国时为楚地，秦以后历经变迁，南唐始置通山县，1965年归属咸宁地区，现属咸宁市。通山县位于湖北省东南部，西北距咸宁市37公里，北距武汉市124公里，西接崇阳县，东南接江西武宁县，西南接江西省修水县。县境南侧的幕阜山重峦叠嶂，主峰老崖尖海拔达1656.7米，为鄂东南第一高峰。县域地形南北高、东西低，中部多河谷盆地，属多层次中低山丘陵区。通山县为亚热带季风气候，夏热冬冷，四季分明，全年平均气温17.5℃，日照1400小时，降水量1500毫米，春夏雨季降水量约占全年的60%。明末清初兴起的茶产业，带动了通山县乃至鄂东南的经济发展，使这一带建造活动蓬勃兴起，留下大量精美的古民居遗存。闯王镇宝石村、九宫山风景区中港村、通山县大畈镇西泉村、通山县大路乡吴田村畈上王村、闯王镇高湖村朱家湾、通羊镇郑家坪村、南林桥镇石门村、黄沙铺镇西庄村、黄沙铺镇上坳村、厦铺镇厦铺村、大畈镇白泥村等11个村入选《中国传统村落保护名录》，是鄂东南最多的。古民居的存量和品质，居于鄂东南乃至全省的首位。

（一）洪港镇江源村古民居

该村古民居采用靠山、依林、向田的布局（图2.4.1.1）。谈到古民居的完整性，首推王氏老屋（图2.4.1.2），它由当地名绅王迪光、进士王迪吉于清光绪辛卯年（1891年）共同主持兴建，建设时长为三年（一年烧砖瓦，一年备材料，一年建造装修），于1894年竣工，迄今已有120多年历史，是通山县规模较大的古民居群落。老屋由中间的正屋与东西两侧的兄弟屋组成，占地达2300多平方米，建筑面积达1405平方米。正屋面阔九间，三进天井，四进空间；建筑采用砖木结构，穿斗与抬梁组合构架，主入口八字墙、外廊式槽门、考究的墀头，与两侧跌级高墙自然衔接，立面造型整体和谐，特色鲜明，体现了古代匠师高超的技艺（图2.4.1.3）。两个“业振琅琊”门廊，均在高大的木柱下设雕花石础，梁枋雕刻人物山水，石雕门框上的门匾说明家族来自北方琅琊王氏，缅怀汉魏时期先祖的辉煌业绩，对家族发展寄予厚望。第一个门廊，上方采用卷云雀替托檐檩（图2.4.1.4）；第二个门廊，在檐下两侧设鹤颈轩，中间设船篷轩（图2.4.1.5）；两个门廊高大庄重，各具特色又相互协调，堪称鄂东南最美槽门。另一个入口采用“槐轩”门匾（图2.4.1.6、图2.4.1.7），说明主人对晚清“槐轩”学派“以儒为本，兼采佛道”思想的崇拜，并验证了该民居的建设时间。民居内17个天井都设有“回龙隐水”，木质屏门隔断（图2.4.1.8）。厅堂用料粗壮，阁楼采用车木栏杆，顶棚采用“四季来福”图案藻井，也是晚清特点（图2.4.1.9～图2.4.1.12）。二、三进天井院两边，用花砖拼砌镂空花墙，屏蔽厢房视线，兼具采光功能，由浪漫的云形山墙和简洁优雅的吞口墀头收边

图2.4.1.1 青山水田古村落

图2.4.1.2 王氏老屋

图2.4.1.3 立面组合

图2.4.1.4 八字槽门

图2.4.1.5 檐下门廊

图2.4.1.6 次入口

图2.4.1.7 "槐轩"门檐

图2.4.1.8 屏门

图2.4.1.9 厅堂装修

图2.4.1.10 厅堂细部

图2.4.1.11 厅堂藻井

图2.4.1.12 祖堂

图2.4.1.13 天井院花墙

图2.4.1.14 花墙墀头

图2.4.1.15 其他民居

图2.4.1.16 拱形门洞

图2.4.1.17 室内隔屏

图2.4.1.18 天井院神龛

图2.4.1.19 天井院侧廊一

（图2.4.1.13、图2.4.1.14）。这种用花墙装饰厢房的做法，在鄂东南是不多见的。

江源村古民居呈现出多种有趣的构图变化，如在两厢夹槽门的构图中，拱形门洞与阁楼圆形窗洞就形成了和谐的呼应关系（图2.4.1.15、图2.4.1.16）。民居的内部空间变化，也是鄂东南古民居中最丰富的。如建筑前厅与天井之间的屏门，就有全部可摘卸、中间屏门边廊绕入、中间固定两侧开扇等多种变化（见图2.4.1.8、图2.4.1.12、图2.4.1.14，图2.4.1.17）；天井院的空间界面，也有内退神龛、一侧厢廊、正面门廊、一侧柱廊等多种变化（图2.4.1.18 ~ 图2.4.1.23）。江源村古民居建筑雕饰的题材和手法与安徽、江西基本类似，造型也偏于写实，但构图相对简洁，没有过于堆砌的现象，因而显得比较明快（图2.4.1.24 ~ 图2.4.1.31）。

图2.4.1.20 天井院侧廊二

图2.4.1.21 天井院门廊一

图2.4.1.22 天井院门廊二

图2.4.1.23 天井院柱廊

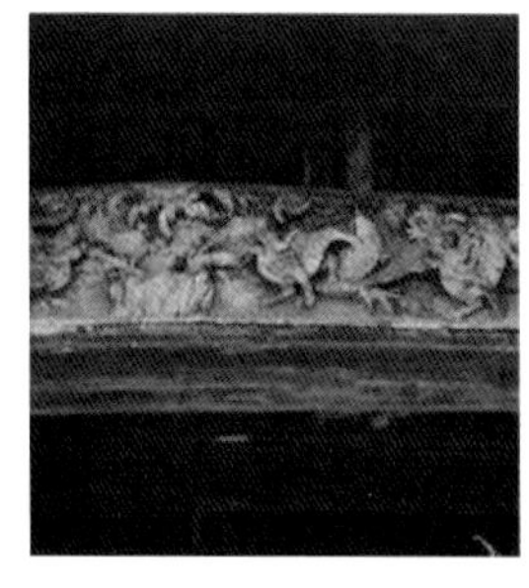
图2.4.1.24 雕梁

图2.4.1.25 木雕蜀柱

图2.4.1.26 花窗细部一

图2.4.1.27 花窗细部二

图2.4.1.28 简洁的直棂窗

图2.4.1.29 砖雕花墙

图2.4.1.30 石雕柱础

图2.4.1.31 天井出水口

（二）大畈镇白泥村谭氏宗祠

谭氏宗祠位居白泥村的中心（图2.4.2.1），始建于明洪武八年（1375年），竣工于清乾隆二十三年（1758年），跨度近三百年，在鄂东南古宗祠中建造时间最长，细部也最讲究。建筑正立面汲取两湖民居的牌楼式构图，但没有采用通体模仿木结构的做法，造型重点突出，轮廓错落跌宕，墙面满贴石材，檐下装修与重点雕饰工艺极为精湛，历经数百年沧桑依然具有雄伟的气派，被称为“鄂南第一祠”（图2.4.2.2）。宗祠占地2100余平方米，坐北朝南，主入口和两侧仪门上方都有精致的石雕门檐。主入口石雕门洞高达3米，宽达2米，上撰遒劲的“谭氏宗祠”金漆大字，正门两侧设一对威武的石狮，门楣上的“三官赐福”石雕，造型非常生动，两侧墙面还配有四个别致的拴马桩。正门只在举行重要仪典时开启（图2.4.2.3、图2.4.2.4）。两侧“仪门”为日常进出的通道（图2.4.2.5）。门檐上10余米高的墙面正中，有一尊金色“魁星点斗”塑像，表达族人对多出才子的美好期盼（图2.4.2.6、图2.4.2.7）。建筑两侧的云形山墙，造型优美、比例精到，檐下彩画构图舒展，堪称鄂东南最美山墙之一（图2.4.2.8、图2.4.2.9）。

门内大戏台总宽20余米、主舞台宽10余米，侧台为乐器演奏区，规模为湖北现存古戏台之最。主舞台由四根大石柱支撑重檐屋面，檐下彩画典雅，顶部藻井绮秀（图2.4.2.10、图2.4.2.11）。台前

图2.4.2.1 谭氏宗祠鸟瞰

图2.4.2.2 宗祠立面

图2.4.2.3 石雕门套和门匾

图2.4.2.4“三官赐福”石雕门楣

图2.4.2.5 两侧“仪门”

图2.4.2.6 主入口门檐

图2.4.2.7 墙面“魁星点斗”塑像

图2.4.2.8 云形山墙内侧

图2.4.2.9 云形山墙外侧

图2.4.2.10 大戏台

图2.4.2.11 檐下彩画与藻井

图2.4.2.12 祖堂与两侧排楼

图2.4.2.13 檐下雕饰

图2.4.2.14 垂柱构造

图2.4.2.15 前厅藻井匾额

院落面积达400多平方米，原来满铺青石板的地面已经被荒草覆盖。两侧20多米长的排楼曾经是看戏的通廊，有小阂联系两端休闲空间和祖堂。祖堂前厅入口为高耸的重檐门楼（图2.4.2.12），重檐下设透雕卷草挂落，檐下梁枋有栩栩如生的人物雕刻，支撑门楼的两侧外挑垂柱，构造装饰都极具南方特色（图2.4.2.13、图2.4.2.14），前厅室内高悬“万松堂”牌匾（图2.4.2.15）。在前厅、天井院、祖堂过厅之间，设有六根5米高石柱，柱下为50厘米见方的宝瓶石墩，雕刻琴、棋、书、画图案，石柱上刻对联：“绍祖宗一脉真传曰忠曰孝，教子孙两行正路惟读惟耕”（图2.4.2.14 ~ 图2.4.2.18）。万松堂东西两侧是各房头设立的四套客厅、餐厅和厨房，空间一直延伸到后天井。

图2.4.2.16 前厅回看戏楼

图2.4.2.17 天井装修

图2.4.2.18 天井院石柱

图2.4.2.19 狭长的天井院

图2.4.2.20 古乐楼

图2.4.2.21 檐柱雕饰

图2.4.2.22 吉祥石雕

图2.4.2.23 中堂抬梁

图2.4.2.24 御赐匾额

图2.4.2.25 墀头与石刻对联

图2.4.2.26 宝瓶柱础

图2.4.2.27 图案变化

走过重门窄院（图2.4.2.19）进入中院，面对古乐楼（图2.4.2.20），梁上的“云龙逐日”彩绘雕饰（图2.4.2.21）、墙面的“卧鹿报喜”雕饰（图2.4.2.22）都是宗祠内最精美的。而中堂顶部的结构又是宗祠内最气派的，石柱上的插梁抬柱层层内收，形成了表现结构的雄壮空间造型（图2.4.2.23）。屏墙上方悬挂皇帝御赐的“德隆昌炽”黑底金字大匾（图2.4.2.24），两旁是体现祠堂威严的“礼”“法”二字，两侧墙面嵌满人物画像，悬挂其他诰封匾额。后面八根大柱，下面的石墩上均刻有花木小景，柱上是弘扬忠孝的对联：“清时挂上瑞彝伦有在勖尔辈当子思孝臣思忠，兴世仰贻谋矩矱长公愿吾亶为家之桢国之干”（图2.4.2.25）。

柱子下面的石墩雕刻了富有生活气息的花鸟鱼虫，不仅柱子形状有宝瓶、矩形、鼓墩的变化，图案内容也无一重复（图2.4.2.26 ~ 图2.4.2.28）。

谭氏宗祠的祖堂立面，虽然和鄂东南其他祠堂大同小异，但构图由方到圆过渡自然，上部过梁雕刻细致，窗格造型简洁协调，柱础兼顾周边，构件构造巧妙，营造水平应该居于第一流的地位（图2.4.2.29 ~ 图2.4.2.31）。

（三）大路乡吴田村“大夫第”

吴田村“大夫第”是清末通山知县王明璠的府第，也是湖北现存唯一的县令庄园。王明璠为清咸丰八年（1858年）举人，历任江西乐安、上饶、丰城、瑞昌、萍乡知县。因“倡筑长堤以捍水

图2.4.2.28 柱础变化

图2.4.2.29 祖堂立面

图2.4.2.30 雕梁与窗格

图2.4.2.31 柱础造型

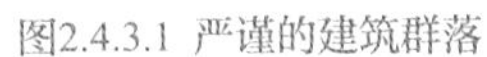

图2.4.3.1 严谨的建筑群落

图2.4.3.2 三门道组合立面

患”，“保甲之法亦全省效之”，被上司誉为“江西干员”，同治年间朝廷诰授奉政大夫，光绪年间晋封“朝议大夫”，这便是“大夫第”的由来。府第为王明璠退官回乡后修建，始建于咸丰年间，建成于同治时期。建筑占地8800平方米，建筑面积3600多平方米，坐北朝南，按长方棋盘格局，以宗祠为中轴，两边严格对称，形成三路十一开间四进天井院平面，内设天井32个、房屋64间，属典型的“祠宅合一”建筑（图2.4.3.1）。建筑采用三门道一字形立面（图2.4.3.2），中路上的家祠为单开间，前后由四个小天井串联，天井长廊与厅堂明暗相间，直达后端的祖堂。左右两路宅院分属两兄弟，均为四进天井院：第一进为家学、粮仓；第二进为青石板墁地的客厅内院；第三进为十一间主人居室；第四进为后院花园。宅院以天井为中心对称布局，厅堂高大宽敞，与周围房舍对比鲜明。家祠的每进阁楼均为家族的公共“仓楼”，至最后一进天井院面宽加大，面对祖堂。宅院内，天井前院设有阁楼和小戏台，檐下施如意斗栱，八角形藻井绘八卦图样，阁楼、栏板、挂落雕饰均简洁精美。内天井、通道全为青石板铺地。在主体建筑东西两侧，另设讲经楼、怡济药房、马厩、碾房、织房、柴房、厨房、牢房和杂役等用房三十余间。四周高墙围护，东有荷塘，西有果园，南有竹园，北有后花园。

建筑均采用槽门入口，石雕门套，矩形门墩，海棠门洞，结构采用横枋托柱挑檐檩，蜀柱下设坐斗，蜀柱两侧与枋心设窃曲纹透雕花格，构造特色鲜明（图2.4.3.3～图2.4.3.5）。立面构图工整，各个立面都能看到残留的檐画痕迹（图2.4.3.6、图2.4.3.7）。这座百年古宅不像富商宅院注重雕龙画凤，在简洁的立面中，蕴含宏大的气魄和古雅的格调。中间入口紧凑，上书“宗祠”；两侧宅门宽大，均采用“大夫第”门匾，表现出和谐的家庭关系。墀头夹槽门是典型的鄂东南做法，但墀头比例、檐画构图、洞窗安排的设计水平又显然高于普通民宅（图2.4.3.8、图2.4.3.9）。特别是古宅的山面，虽然墙上的檐画已基本剥蚀，粉刷图案也在反复的维修中走形了，但“银滚边”的装修特色、山墙内似云似鸟的粉刷图案，仍然表现出浪漫的荆风楚韵，是荆楚建筑“美山墙”的杰出代表（图2.4.3.10、图2.4.3.11）。室内的匾额和对联，更体现出深厚的文化内涵（图2.4.3.12、图2.4.3.13）。

图2.4.3.3 主入口槽门

图2.4.3.4 横枋托梁挑檐

图2.4.3.5 细部构造

图2.4.3.6 立面透视

图2.4.3.7 背立面

图2.4.3.8 墀头夹槽门

图2.4.3.9 吞口墀头

图2.4.3.10 建筑侧立面

图2.4.3.11 云形山墙

图2.4.3.12 屏门匾额

图2.4.3.13 立柱对联

图2.4.3.14 天井院广厅

图2.4.3.15 天井院大厅

图2.4.3.16 天井院阁楼

图2.4.3.17 天井院敞厅

图2.4.3.18 天井院过厅

图2.4.3.19 简洁的楼栏

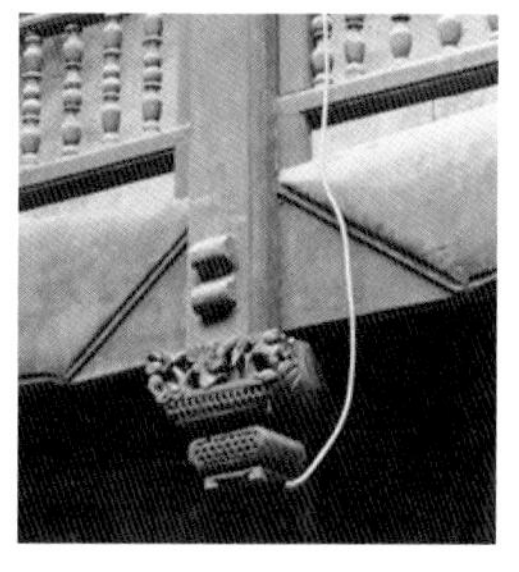

图2.4.3.20 花篮吊柱头

图2.4.3.21 不同顶棚的组合

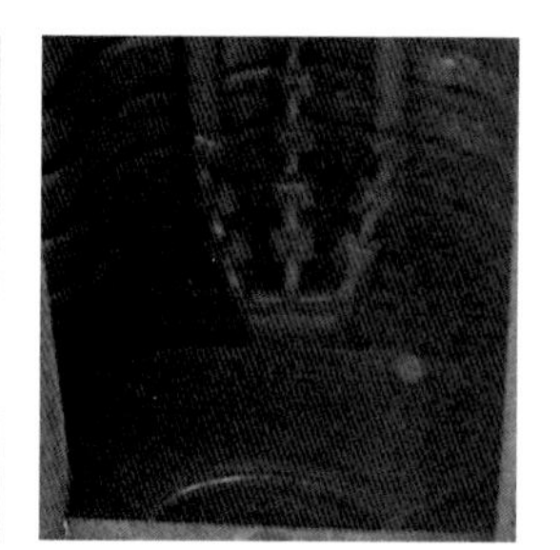

图2.4.3.22 月梁串栱

在纵向的四进天井和五进空间中，建筑的尺度、功能与空间感受都呈现出不同的变化（图2.4.3.14～图2.4.3.18）；室内构造也呈现出自己的特点，尤其是月梁上串栱托轩檩、天井防晒卷帘辊的构造，在湖北省都是首次发现（图2.4.3.19～图2.4.3.23）；以天井为核心的纵横廊道，则形成了风

图2.4.3.23 防晒卷帘辊

图2.4.3.24 天井回廊

图2.4.3.25 纵向通廊

图2.4.3.26 通廊采光

图2.4.3.27 院内门廊

图2.4.3.28 室内厢廊

图2.4.3.29 横向通廊

图2.4.3.30 通廊空间

图2.4.3.31 后院与祖祠

图2.4.3.32 门窗牌匾

图2.4.3.33 祖祠室内

雨无阻的交通体系，贯通宅内所有的空间，体现出不同的空间感受（图2.4.3.24～图2.4.3.29），只有当我们沿着横向通廊穿越重重天井院时，才能感受到古民居空间层次带来的震撼（图2.4.3.30）。由中轴线上冗长的纵向通道，进入放大的后天井院，就发现了位于尽端的祖祠（图2.4.3.31），隔扇门上方悬挂着的“朝议祖祠”牌匾，显然超出了一般民宅的规格（图2.4.3.32），室内四个立柱上是彩色盘龙浮雕，梁柱间设彩色透雕挂落，上面有考究的轩棚藻井，如此豪华的室内装修，在我国古民居的祖祠中也是不多见的（图2.4.3.33）。“大夫第”的布局、造型、装修都保护得较为完整，其空间尺度、用料规格都超过了一般民居，但不追求过度装饰，门窗、柱础等细部构造均讲究简洁实用，造型严谨，重点突出，体现出很高的建筑素养，表现出古代民居的大家风范（图2.4.3.34～图2.4.3.40）。

图2.4.3.34 厢房槛窗一

图2.4.3.35 厢房槛窗二

图2.4.3.36 厢房透窗

图2.4.3.37 隔屏雕饰

图2.4.3.38 方形柱础

图2.4.3.39 托福柱础

图2.4.3.40 鼓墩柱础

（四）九宫山镇中港村周家大屋

乾隆戊戌年（1778年），东吴大将周瑜的后裔举家迁到这里建村兴业，后来主持房屋扩建的，是生于同治元年（1862年）的周齐阔。他七岁时父亲去世，家境逐渐陷入困顿，于是毅然“弃儒而贾”，在厦铺街开设豆腐铺和煎糖作坊，起五更、睡半夜，辛苦劳作，生意日渐兴隆。由于他厚道诚信，口碑越传越远，生意越做越大，在店铺发展到五六间后，又开设了私营的“周恒足”钱庄。他在致富之后保持本色，急公好义修桥补路，扶贫济困不遗余力，并带领家人进行祖宅扩建。扩建后的周家大屋占地4400多平方米，以祖祠为轴心，围绕48个天井布置132间房屋，内设客厅、大厅、厢房、小姐闺阁、祖堂，布局非常紧凑（图2.4.4.1）；背靠山体的周家祖祠，与村前道路之间留出开阔的场地，形成了风水的“明堂”和“气口”（图2.4.4.2、图2.4.4.3）。建筑采用两层砖木结构，两坡悬山和硬山屋面，由青木、青石、青砖、青瓦构建而成，立面造型以高墙小窗为特色，村内石雕透窗、灰塑花窗的技艺均十分精湛（图2.4.4.4）。

周氏祖祠面阔七间，采用两厢叠级墀头夹槽门的构图（图2.4.4.5），槽门比例匀称，细部构造得体，堪称鄂东南槽门设计的范例（图2.4.4.6、图2.4.4.7），祖祠与两侧建筑的山墙轮廓衔接自然

图2.4.4.1 重重天井院

图2.4.4.2 靠山设祖堂

图2.4.4.3 建筑围明堂

图2.4.4.4 高墙小窗

图2.4.4.5 祖堂立面

图2.4.4.6 槽门比例匀称

图2.4.4.7 细部构造得体

图2.4.4.8 山墙衔接

图2.4.4.9 檐画图案

图2.4.4.10 入口前厅

图2.4.4.11 雕梁回栏

图2.4.4.12 室内屏门

图2.4.4.13 屏门造型

图2.4.4.14 梁枋装饰

图2.4.4.15 井口装修

图2.4.4.16 中厅藻井

图2.4.4.17 石雕门套

图2.4.4.18 后院阁楼

图2.4.4.19 天井装修

图2.4.4.20 木雕屏门

（图2.4.4.8），檐画图案简洁婉转（图2.4.4.9）。在三进天井院内，建有前厅、中厅和后厅，两侧均设有厢房。入口前厅上方建有阁楼回廊，雕梁回栏简洁雅致（图2.4.4.10、图2.4.4.11）。在厅堂与天井院之间设木质屏门，用轻巧浪漫的造型丰富空间层次，是楚地古民居常见的手法（图2.4.4.12、图2.4.4.13）。

内部装修简洁考究，如梁枋之间的透雕、天井口部的垂柱式构架和条木顶棚、中厅上方的“五福”藻井、石雕海棠门套和巨型门墩，都有简约大气的特点（图2.4.4.14～图2.4.4.17）。天井后院的阁楼栏杆、天井构架与挑梁撑栱，也采用了与前厅、中厅协调的手法（图2.4.4.18、图2.4.4.19）。室内屏门的雕饰稍嫌繁琐，但分幅构图的内容与形式整体贯通，也形成了自己的特点（图2.4.4.20）。墙面上的石雕透窗，每一扇都别出心裁，与众不同（图2.4.4.21～图2.4.4.23）。

图2.4.4.21 石雕透窗

图2.4.4.22 石雕透窗

图2.4.4.23 石雕透窗

图2.4.5.1 依山面水的村落

图2.4.5.2 村落内部环境

图2.4.5.3 房舍俨然

图2.4.5.4 古民居组群

图2.4.5.5 槽门夹阳台

图2.4.5.6 檐廊与券门

图2.4.5.7 锯齿状墙檐

图2.4.5.8 不对称变化

（五）通羊镇湄港村大屋沈古民居群

湄港村古民居群始建于明代，占地80000多平方米，现毁坏严重，仅存30余栋，建筑依山面水，风景如画（图2.4.5.1）。村内空间以东端的禾场和水塘为中心，建筑呈环形分布（图2.4.5.2）。除了保留较好的沈氏宗祠（图2.4.5.3），还有虎贲、德盛、近台、孔彰支祠及当铺、茶铺、孝子坊等公共建筑遗存（图2.4.5.4）。村内建筑均为两坡硬山，砖木结构，小青瓦屋面。这里的古民居不仅规模宏大，构图也非常丰富，几乎囊括了鄂东南古民居的主要类型，加之用材考究、装修精美，为古民居维修和当代荆楚建筑传承创新提供了宝贵的资料。

从图2.4.5.5～图2.4.5.13可以看到大屋沈古民居群立面构图和细部造型的多种变化。从图2.4.5.14～图2.4.5.19可以看到马头墙和墀头的造型变化，其中有残存的镂空脊翼，有完整的鸟头脊翼，有清晰的盘头构造、吞口墀头、弧形窗楣等，都清晰地展现出原有的构造特点。建筑的内檐装修也有自己鲜明的特色。如天井檐廊上方的木雕挂落，采用回环流动的镂空卷草图案，与画枋挑梁浑然一体，体现出一种结构的美感，令人叹为观止（图2.4.5.20～图2.4.5.22）；不同院落的阁楼装修呈现出截然不同的风格（图2.4.5.23～图2.4.5.25）；厢房槛窗从下至上，运用车木直棂、绦环板、雕花板分隔直棂，组成了严谨丰富的立面构图（图2.4.5.26～图2.4.5.28）；槛窗图案亦有不同变化，其中由纵横、卷曲、勾头线型组成的窗格，呈现出华丽的格调，是过去古民居文献中没有的案例（图2.4.5.29、图2.4.5.30）；图2.4.5.31中门上亮子的图案，虽然有特色，但略显繁复。村内一

图2.4.5.9 柱廊式槽门

图2.4.5.10 槽门夹阁楼

图2.4.5.11 墀头夹墙门

图2.4.5.12 转角墙面

图2.4.5.13 奇异门头

图2.4.5.14 砖砌镂空脊翼

图2.4.5.15 灰塑镂雕脊翼

图2.4.5.16 镂空图案与浪漫檐画

图2.4.5.17 鸟头脊翼

图2.4.5.18 盘头构造

图2.4.5.19 吞口墀头

图2.4.5.20 天井阁楼与柱廊

图2.4.5.21 檐柱挂落

图2.4.5.22 透雕卷草图案

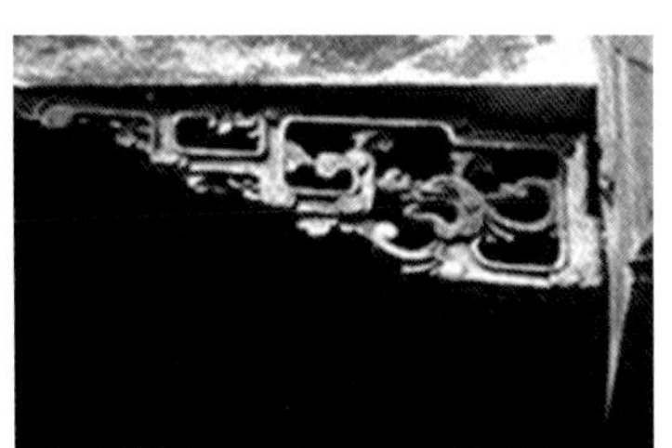
图2.4.5.23 透雕图案

图2.4.5.24 阁楼雕饰

图2.4.5.25 窃曲纹雕饰

图2.4.5.26 丰富的槛窗立面

图2.4.5.27 雕板分隔构图

图2.4.5.28 木雕图案

图2.4.5.29 槛窗立面

图2.4.5.30 华丽的窗格

图2.4.5.31 木雕门亮子

图2.4.5.32 不对称祖堂立面

图2.4.5.33 常见的祖堂立面

图2.4.5.34 铜钱纹透窗

图2.4.5.35 寿字透窗

图2.4.5.36 石雕柱础

图2.4.5.37 拴马桩

处祖堂，在横向厢廊与纵向侧廊之间，采用不对称的构图，很可能是鄂东南的孤例（图2.4.5.32）。其他部位的构造装修，基本为鄂东南常见的做法（图2.4.5.33～图2.4.5.36），但村内一处拴马桩，用动态的植物和动物打破了对称的双环构图，周边卷草纹造型丰润流畅，堪称佳作（图2.4.5.37）。

（六）通羊镇岭下村“节孝”牌坊屋

这栋三开间的“节孝”牌坊屋坐北朝南，占地仅34平方米，却采用了六柱五间三楼的立面构图和极为考究的造型与装饰，力图以隆重的形式表达对房屋女主人的尊重与爱戴（图2.4.6.1）。三间三楼的青石雕刻牌坊，嵌于硬山两坡屋面的正面，造型浑然一体。两侧硬山带高耸的吞口墀头、“银包金”山墙加檐画的做法，具有鄂东南古民居的典型特征（图2.4.6.2）。中部三间牌楼檐下，均设有三层如意斗栱，共设有六条鱼尾脊（图2.4.6.3、图2.4.6.4）。正中匾额题款“儒士许显达妻成氏，同治六年”，为1867年立（图2.4.6.5）。石雕门套前面设有抱鼓石门墩，两边墙面镶砌六边形龟背纹面砖。正间石坊为石雕“八仙托福”图案，下层额梁为石雕“双龙逐日”图案（图2.4.6.6）。次间上额枋分别雕刻女主人事迹，下额枋分别雕刻舞凤、飞凤图案，额枋间为“冰清”“玉洁”题额（图2.4.6.7～图2.4.6.11）。砖柱的粉刷局部已经脱落，下面的柱础造型厚实而丰润（图2.4.6.12）。

图2.4.6.1 牌坊屋正立面

图2.4.6.2 牌楼屋透视

图2.4.6.3“节孝”匾与“八仙托福”浮雕

图2.4.6.4 砖雕如意斗栱与灰塑仙境图案

图2.4.6.5 记事匾与“双龙逐日”浮雕

图2.4.6.6 彩绘图案与雕饰

图2.4.6.7 左侧“冰清”匾

图2.4.6.8 右侧“玉洁”匾

图2.4.6.9“景石舞凤”雕饰

图2.4.6.10“芙蓉飞凤”雕饰

图2.4.6.11 场景雕饰之一

图2.4.6.12 石础托砖柱构造

将表彰性的贞节牌坊与实用的建筑合为一体，是一种罕见的设计，表现出对未亡人的关怀。建筑虽小，但用料、用色考究，构造与装饰都表现出健康、和谐、秀美的特点。尤其是两侧额枋上雕塑的凤凰花草，丰润鲜活，技艺堪称楚地一绝，流露出建造者的景仰之情。

（七）南林镇石门村长夏畈古民居

长夏畈古镇地处湘、鄂、赣咽喉要道，环绕着永河的一带清流，是当年万里茶道的重要节点（图2.4.7.1～图2.4.7.2）。作为夏氏家族的聚居地，长夏畈始建于明仁宗年代（1420年）。清康熙年间，这里成为著名的茶叶集散地，商贸活动频繁。雍正年间开始大规模建设，至道光年间达到鼎盛，建筑在永河环绕的滩地间集中布局，形成长达600多米的石板道商业街，建筑面积达到3万多平方米（图2.4.7.3～图2.4.7.6）。由于茶叶贸易在清末民初走下坡路，村落逐渐衰败，但仍然是咸宁迄今保存最好的商贸古肆之一，尤以“永河源”商号、茶庄、顺三公私塾、夏家五房老屋等建筑保存较为完好。

长夏畈的商铺基本都是两层砖木建筑，以前店后宅、前店后坊上宅为主。粗看这里的古民居，和相邻的湘、赣、皖差异不大，但稍加探究，就能看出当地的特色。一是由于当时经济条件优裕，建筑高大气派，用料考究，装饰精美；二是敢于打破常规，根据功能进行自由的立面组

图2.4.7.1 一条永河绕古村

图2.4.7.2 清冽的茶叶故道

图2.4.7.3 纵横连贯的街道

图2.4.7.4 俨然的房舍

图2.4.7.5 凋零的街市

图2.4.7.6 下店上宅的商行

图2.4.7.7 古老的茶庄

图2.4.7.8 “似续唯宜”坊

图2.4.7.9 “其旋元吉”坊

图2.4.7.10 自由的山面组合

图2.4.7.11 优美的山墙

图2.4.7.12 吞口含山羊

图2.4.7.13 吞口含瑞兽

图2.4.7.14 吞口含舞狮

图2.4.7.15 吞口含坐狮

图2.4.7.16 吞口含奔牛

图2.4.7.17 吞口含奔鹿

图2.4.7.18 吞口含狮玩绣球

图2.4.7.19 吞口含福狗

图2.4.7.20 古雅的檐画

合（图2.4.7.7 ~ 图2.4.7.9），建筑山墙面运用长短、高低、平斜的变化，形成了丰富的构图韵律（图2.4.7.10、图2.4.7.11）；三是建筑的吞口墀头，不仅造型优美，吞口内含的吉祥动物雕塑也多有变化，体现出吉祥的寓意（图2.4.7.12 ~ 图2.4.7.19）；四是建筑装饰融合南北，参考北方官式建筑的额枋构图，填充文字、器物、风景图案，形成了典雅秀丽的地域风格（图2.4.7.20 ~ 图2.4.7.22）；五是空间较大，客厅开敞，构成了“汇通天下”的气势（图2.4.7.23、图2.4.7.24）；六是砖墙与木

图2.4.7.21 檐画细部

图2.4.7.22 枋心与洞窗

图2.4.7.23 天井院过厅

图2.4.7.24 天井院客厅

图2.4.7.25 深邃的空间层次

图2.4.7.26 混合结构

图2.4.7.27 枋托与连枋雕饰

图2.4.7.28 残存的挂落

图2.4.7.29 浪漫的花窗

图2.4.7.30 花窗细部

图2.4.7.31 精细的槛窗

图2.4.7.32 槛窗图案

图2.4.7.33 槛窗细部

图2.4.7.34 石雕透窗一

图2.4.7.35 石雕透窗二

柱共同承重，穿斗与抬梁自由组合，创造出较大的无柱空间结构（图2.4.7.25、图2.4.7.26）；七是连系梁枋的雕饰与挂落尺度合宜、构图流畅，体现出很高的艺术水平（图2.4.7.27、图2.4.7.28）；八是建筑门窗构造精到，无论木雕花窗（图2.4.7.29～图2.4.7.33），还是石雕漏窗（图2.4.7.34～图2.4.7.38），都体现出很高的造型能力和工艺水平，其图案风格，只有部分石雕漏窗采用抽象造型，用得最多的是抽象与具象结合的手法，体现出楚地艺术融合、浪漫的特征。

由于年代久远，许多建筑构件已经荡然无存，在街面上仍然随处可见残存的石雕柜台（图2.4.7.39），还有丢弃街头的庞大石雕门墩（图2.4.7.40），说明颓毁的建筑尺度应该更大，与之

图2.4.7.36 石雕透窗三

图2.4.7.37 石雕透窗四

图2.4.7.38 石雕透窗五

图2.4.7.39 石雕柜台

图2.4.7.40 石雕门墩

图2.4.7.41 门墩残件

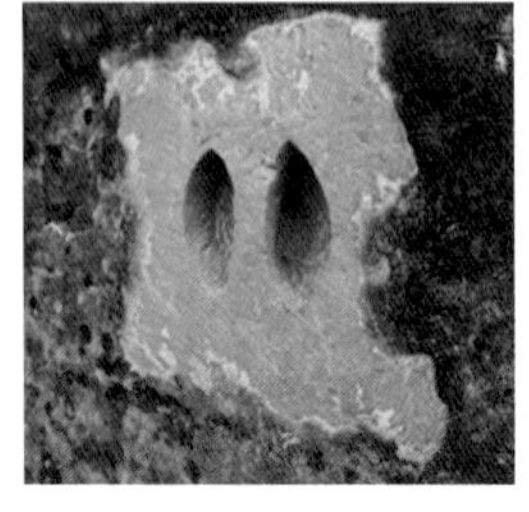

图2.4.7.42 拴马桩一

图2.4.7.43 拴马桩二

图2.4.7.44 拴马桩三

图2.4.7.45 拴马桩四

图2.4.7.46 拴马桩五

图2.4.7.47 拴马桩六

图2.4.7.48 拴马桩七

图2.4.7.49 拴马桩八

图2.4.7.50 方形柱础一

图2.4.7.51 方杯柱础二

图2.4.7.52 六边柱础

相配的构件，除了旁边兀立的石柱，其他建筑构件已经不见踪迹。有一处残存的门洞，留下的门墩石依然完整，可以清晰地看到门槛、门框、门斗之间的构造关系（图2.4.7.41）。如今街道两旁的古建筑虽已破败，但残墙上保留了大量图案各异的石雕拴马桩，似乎还在诉说当年万里茶道的繁华（图2.4.7.42～图2.4.7.49），这些拴马桩雕饰简约，生动地表现出茶叶商人的生活面貌，具有楚汉艺术简约抽象、浪漫生动的特色。大量残存的石柱础（图2.4.7.50～图2.4.7.53），也与拴马桩的艺术风格类似。这里的墙角石下面，大多设有石雕柱础，显然比鄂东南其他古民居的墙角石更加讲究（图2.4.7.54～图2.4.7.56）。

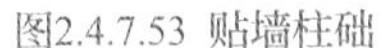

图2.4.7.53 贴墙柱础

图2.4.7.54 方形墙角石一

图2.4.7.55 方形墙角石二

图2.4.7.56 方墩墙角石三

图2.4.8.1 山重水复宝石村

图2.4.8.2 闯王墓园

图2.4.8.3 闯王陵牌坊

图2.4.8.4 村落沿河两岸布局

图2.4.8.5 沿河的古民居

图2.4.8.6“太史第”牌楼

（八）闯王镇宝石村古民居群

一条蜿蜒的小河从九宫山潺潺流下，将一个村落划分成南北两岸。因河底的卵石润泽美观，这条河被称为“宝石河”，这村落则被称为“宝石村”（图2.4.8.1）。这里也是传说中明末起义军领袖李自成遇难的地方，故建有闯王陵（图2.4.8.2、图2.4.8.3）。宝石河南岸是建有门楼与祖祠的商贸街，北岸多为自由布局的单栋民居。它们形式多变，装修精致，卵石铺装的街巷自然蜿蜒（图2.4.8.4、图2.4.8.5）。通山县宝石河南岸，至今矗立着一座厚实的“太史第”石雕牌楼，是明代天启皇帝为表彰当地进士舒宏绪抗诤权贵、辅佐帝业的功绩所御赐，上书对联“敢谏易储翼赞忠忱昭日月，匡行豫教庭诤直气贯斗牛”，叙述他谏言改立储君、改革教育的历史事件（图2.4.8.6）。

宝石村民居群始建于明万历时期，现存古民居130余栋，面积达7万多平方米，在鄂东南现存规模最大、保留最完整，号称“楚天第一古民居群”（图2.4.8.7）。宝石村居民多为舒姓，他们的先祖于明朝洪武年间到这里开基立业。明万历十一年（1583年），宝石村21岁的舒宏绪高中进士，任吏科给事中，属吏部稽查官，能直接向皇上奏报。宝石村入朝为官的人很多，舒氏族谱记载，村内居八品以上的官员达百人之多，更有不少名闻京城的“讼师、医师、武师、艺师”，可谓人杰地灵。

宝石河北岸的古民居，一般采用三合院或天井院布局。高耸的青砖墙，将每户人家密实地包围

图2.4.8.7 枕河而居

图2.4.8.8 依势而建

图2.4.8.9 台阶隔墙

图2.4.8.10 立面嵌入实体构造

图2.4.8.11 高架空中栈道

图2.4.8.12 弧形三合院与迷宫式的空间

图2.4.8.13 高墙耸立

图2.4.8.14 院落森严

图2.4.8.15 优美的云形山墙

在一个个窄小的院落中，内外界限明确，可防卫性很强。古民居多为两坡硬山，布瓦屋面，砖木结构，采用插梁抬柱混合构架，山墙直接承接檩条。建筑面宽一般为三间或五间，进深方向的天井院，最多的一路可达五进。虽然建筑多为两层，但一般居住在下层，上层储物。宝石村老宅还有一个显著特点，就是前后院标高相差较大，常需要室内外台阶过渡（图2.4.8.8、图2.4.8.9）。吸取明末战乱的教训，后来的村落建设非常注重防卫，空间体系相当复杂，耸立的高墙不仅开窗小且数量少，是湖北古民居中最封闭、最利于防守的建筑形式，并演化出一些特有的建筑做法。如房前增设隔墙，便于巷战；在开敞的立面中嵌入实体构造（图2.4.8.10）；在高墙之间架设相通的空中栈道（图2.4.8.11）；在转角路口设置弧形墙门拱卫三合院（图2.4.8.12）；运用高墙围合类似瓮城的院落（图2.4.8.13、图2.4.8.14）等。

作为鄂赣两省的贸易集散地，宝石河南岸曾经富商云集，民国时期号称“小汉口”。南岸不仅民居布局相对开敞，建筑造型也很讲究（图2.4.8.15）。商业街的店铺多为三开间，亦有因地制宜做一、二开间的，五开间的豪华铺面不多。商铺的明间一般为通道，两侧柜台多沿檐柱至金柱呈L形布局（图2.4.8.16）。如今，南岸商街已经墙面斑驳，栅栏稀疏，没有了昔日的风光。但街上的祠堂，仍然用鄂东南典型的牌楼式“面孔”讲述着当年的故事（图2.4.8.17），很多古民居，也仍然保留着当年巧妙的创造。如图2.4.8.18～图2.4.8.20中的建筑，是一栋结合用地高差与转角交通的不对

图2.4.8.16 商业街与商铺

图2.4.8.17 典雅的祠堂

图2.4.8.18 不对称转角立面

图2.4.8.19 墙角挑出

图2.4.8.20 转角叠涩

图2.4.8.21 商业街建筑墀头

图2.4.8.22 挑栱墀头

图2.4.8.23 重瓣拱托

图2.4.8.24 福狗墀头

图2.4.8.25 预制花砖墙面

称建筑，端墙首层采用弧形转角以便利交通，二层则用青砖叠涩出挑恢复方正的平面，与环境非常和谐，是鄂东南古民居仅见的实例。

这里的古民居也有许多具有鄂东南特色的构造做法。商业街上的建筑、墀头、窗檐都富有变化（图2.4.8.21）。其中一处挑栱墀头，上面雕刻有三重花瓣，造型甚为奇特（图2.4.8.22、图2.4.8.23）；一处“福狗”墀头，造型与长夏畈古民居的做法基本一致，很可能出自同一工匠之手（图2.4.8.24）。这里的预制花砖墙面和花窗，工艺水平在鄂东南是第一流的（图2.4.8.25、图2.4.8.26）；这里的木雕装饰，多取材于园林景观和市井风貌，造型简洁，充满生气（图2.4.8.27 ~ 图2.4.8.29）；有一处墙角石雕，构图大气，造型精准，是鄂东南古民居中少见的精品（图2.4.8.30、图2.4.8.31）；这里石雕柱础的造型和风格，与相邻县市基本一致，但将宝瓶柱础的颈部作重点雕饰的，唯此一例

图2.4.8.26 预制石雕透窗

图2.4.8.27 园林景色

图2.4.8.28 园林景观

图2.4.8.29 水上集市

图2.4.8.30 墙角石雕

图2.4.8.31 石雕细部

图2.4.8.32 石雕柱础

图2.4.8.33 宝瓶柱础

图2.4.8.34 重点雕饰

图2.4.8.35 彩色卵石巷道

图2.4.8.36 古墙青藤

图2.4.8.37 简朴的古民居遗存

图2.4.8.38 平地的紧凑布局

图2.4.8.39 斜交等高线的布局

图2.4.8.40 分层台地式布局

图2.4.8.41 自由的散点式布局

（图2.4.8.32～图2.4.8.34）。

如今的商业街早已没了昔日的喧哗，但厚实的牌楼、美丽的彩色卵石巷道（图2.4.8.35）、爬满青藤的高墙（图2.4.8.36），仍然展现出如画的魅力。闯王镇其他村湾的古民居以自然朴实为特点，虽然不如宝石村那么讲究，但都能结合复杂的地貌因地制宜布局，体现出鄂东南古民居依山面水、自然朴实的特点（图2.4.8.37～图2.4.8.41）。

小结：通山县古民居的存量大，变化多，堪称鄂东南古民居的集大成者，可以借鉴的内容非常丰富。其特色表现在：一是地处明末清初鄂南茶区的中心，经济条件富庶，建设标准高，许多建筑几乎不计工本，有的还呈现出装饰过度的现象；二是布局因地制宜，呈现出多样的村落风貌；三是密切结合生产生活功能，民居空间格局呈现丰富的变化；四是对我省周边的建筑风格兼收并蓄，建筑造型具有融合性特征；五是传承远古楚文化的优秀基因，构造与装饰呈现出灵动浪漫的荆楚遗风，尤其是砖雕、石雕和预制构造的技术与艺术水平，在鄂东南乃至全省，都是首屈一指的。

五、通城县古民居调查

通城县春秋战国时期为楚地，秦属南郡，宋置通城县，后屡有变更，1960年恢复通城县，今属咸宁市。该县位于湘、鄂、赣三省交界处，咸宁、岳阳、九江金三角的中心交会点。通城地处亚热带季风气候区，夏热冬冷，四季分明。年平均气温15.5℃（山区）至16.7℃。最高气温为39.7℃，最低气温为-15.2℃。全年日照1706小时，年均降雨量1525毫米。县境东、南、西被幕阜山脉环抱，有483.9平方公里、海拔250米以上的中高山区，519.7平方公里的丘陵区，散落在丘陵和溪流之间的平畈区仅为125.69平方公里。海拔最高点在黄龙山“只角楼”，为1528.3米；海拔最低点在四庄乡小井村，仅为78米。通城县有塘湖镇大堺村、大坪乡内冲瑶族村进入《中国传统村落保护名录》。悠久的历史、特殊的地理禀赋、勤劳的创造，赋予通城县“茶叶之乡”“云母之乡”“天然药库”“建筑之乡”“鄂南明珠”的美誉。

（一）麦氏镇许家湾葛家大屋

许家湾地处幕阜山下的平畈区（图2.5.1.1），葛家大屋位于村湾核心。相传东晋道教领袖、医学家葛洪，曾在幕阜山搭建茅舍三间，起居、修行、炼丹，并自撰一联悬于舍门：“竹篱茅舍风光好，道院僧房总不如”。相传现存的葛家大屋，就是当年葛洪修道的原址。700多年前，葛氏家族迁居于此，按阴阳八卦图形修建葛家大屋，经数百年风雨剥蚀和多次改建，原有格局已难以寻觅，建筑损毁严重，现已无人居住，但简朴超脱的仙风道骨依然可寻。残存的葛家大屋主入口采用外向八字槽门，砖砌叠涩挑檐深远，用简洁的木构架托举一字屋檐，内隐阁楼木窗，浑厚的石门框上有雄健的“抱朴遗风”题额，简朴的构图中蕴含一股浩然正气（图2.5.1.2）。院内戏楼上方，醒目的“高望葛天”匾额，是对先祖“天人合一”境界的追思，也有怀念中华“乐舞”始祖葛天氏和传承优秀戏剧文化的内涵（图2.5.1.3）。另一栋葛家祖屋，采用厚实的条石墙裙（图2.5.1.4～图2.5.1.6），其槽门檐口的构造甚为奇特，在雕花木枋侧面，采用石雕梁头托边柱；在构架后

图2.5.1.1 大屋远望

图2.5.1.2“抱朴遗风”槽门

图2.5.1.3“高望葛天”戏楼

图2.5.1.4 特殊的门檐

图2.5.1.5 葛家祖屋之一

图2.5.1.6 厚实的墙裙

图2.5.1.7 石木重叠构造

图2.5.1.8 太极门楣

图2.5.1.9 太极图形

图2.5.1.10 典型的砖混结构

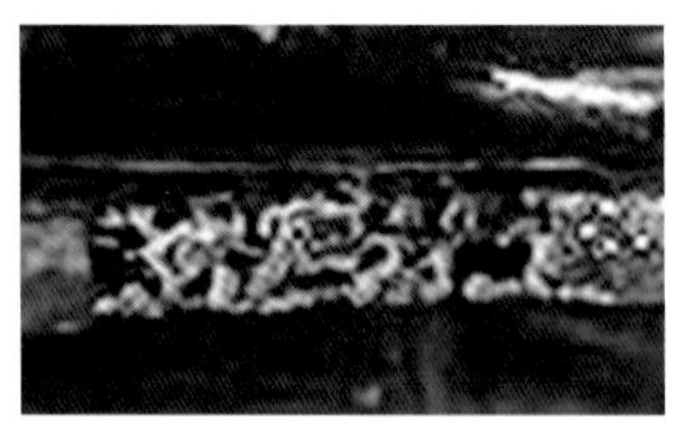

图2.5.1.11 梁底云龙图案

图2.5.1.12 梁上透雕动物

图2.5.1.13 提高门厅空间

图2.5.1.14 前后连檐与“虎眼”天井

图2.5.1.15“石木三挑”出檐

面，似乎还有一层石雕梁头托上枋的结构，这种石木构造重叠的现象，很可能是多次修复、不断利用残存结构的结果，是在过去古民居中没有见到过的，传递的信息非常丰富，值得我们关注（图2.5.1.7）。在石雕门楣、正檩下方刻画太极图形，是鄂东南常见的做法，展现出浓郁的道家文化传统（图2.5.1.8、图2.5.1.9）。厅堂上空，直接在砖墙上架枋、搁梁、托檩，是鄂东南砖木结构的典型做法（图2.5.1.10）。梁下的云气纹、梁上坨墩两边的透雕动物图案都极为抽象，但用色斑斓、造型奇诡，与出土的楚国文物非常接近（图2.5.1.11、图2.5.1.12）。一处残存的天井院，通过提高梁枋高度，增加了门厅和天井院的气势（图2.5.1.13）；用连檐衔接前后交通，形成“虎眼”天井的构图，也是鄂东南常见的做法（图2.5.1.14）；用“石木三挑”增加出檐深度的做法，还是第一次见到（图2.5.1.15）；这些做法，都是鄂东南古民居巧构造的体现。在厢房的直棱窗下设槛窗，在砖墙上嵌入考究的石雕透窗，也是鄂东南古民居常见的做法（图2.5.1.16 ~ 图2.5.1.18）。在入口过厅的两侧，都摆放有巨大的石柱、石础残件，应当是历史上更恢宏的建筑的物证（图2.5.1.19）。

（二）塘湖镇荻田村黄氏宗祠

黄袍山下的荻田村，有一栋纪念黄庭坚的“黄氏宗祠”。该祠始建于元朝，土地革命时期为通城县苏维埃政府驻地，1949年以后开辟为罗荣桓纪念馆。该建筑主入口由三面高墙围合，特点突

图2.5.1.16 厢房槛窗

图2.5.1.17 石雕透窗一

图2.5.1.18 石雕透窗二

图2.5.1.19 残存石柱与柱础

图2.5.2.1 高墙围合入口

图2.5.2.2 吞口墀头夹槽门

图2.5.2.3 深沉的过渡空间

图2.5.2.4 浪漫的朵云门套

图2.5.2.5 四天井组合空间

图2.5.2.6 回廊加宽变戏台

图2.5.2.7 “一柱二材”石柱

出，墙檐两侧夹有精巧的吞口墀头，两侧为砖砌灰塑齿状墙檐（图2.5.2.1、图2.5.2.2）；门墙全为青砖砌筑，空间简洁深沉，简洁丰满的“朵云”石雕门套，表现出浪漫的鄂东南风情（图2.5.2.3、图2.5.2.4）。该建筑最具特色的是内部空间，在天井院中间设柱亭，用十字廊道和连檐分隔出四个小天井（图2.5.2.5）；回廊局部突出，形成了院内的表演台（图2.5.2.6）；亭柱、柱础与天井池边自然结合，形成和谐的曲尺构图，“一柱二材”的石柱，从地面一直升到连梁下方（图2.5.2.7）。这栋建筑的室内空间层次非常丰富，可以说开创了中国古代中庭空间的先河。

（三）龙港镇古民居

龙港镇地处湖北东南边陲，与通山县、江西武宁县、瑞昌市接壤，自古是鄂赣四县的商品集散地，有“小汉口”之称。活跃的商业促进了龙港的经济繁荣和文化交流，使这里的古民居具有明显的融合性特征。长达200多米的商业街，因为土地革命时期曾是鄂东南特委的行政中心，后称“红军街”（图2.5.3.1～图2.5.3.4）。这里古民居的布局和造型与湘赣两省非常相近，街面的商铺多为两坡硬山或悬山的二层砖木结构建筑，体现出当时的富庶与繁华。但两厢夹槽门、吞口墀头、云形山墙等做法，又体现出楚地风韵（图2.5.3.5、图2.5.3.6）。这里有一栋奇特的建筑，为土地革命时期中共雁南区委旧址，整片实墙面对街区广场，仅在中间开有一道小门（图2.5.3.7），内部却别有洞天，是一路三开间二进天井的豪华宅邸，前后天井院上方都有带阁楼的回廊，采光通风极佳（图2.5.3.8、图2.5.3.9），装修品格极雅，走到这里才感受到建造者为避免西晒，不惜采用实墙面对广场的良苦用心，是湖北古民居“内向型”布局的极致案例。

这里的祠堂建筑非常多，均采用楚地常见的牌楼式立面造型，有的还曾经做过土地革命时期的红军医院（图2.5.3.10～图2.5.3.12）。这里的古民居风格简洁，构件大多不用雕饰，偶有木雕或石雕，也只点缀在重要部位，造型简朴抽象，颇具浪漫楚风（图2.5.3.13～图2.5.3.18）。

图2.5.3.1 红军街旧貌

图2.5.3.2 维修后的红军街

图2.5.3.3 鄂东南特委旧址

图2.5.3.4“苏维埃”入口

图2.5.3.5“苏维埃”政府

图2.5.3.6 器宇轩昂的建筑构图

图2.5.3.7 雁南区委旧址

图2.5.3.8 宏阔的室内空间

图2.5.3.9 装修简洁考究

图2.5.3.10 祠堂之一

图2.5.3.11 祠堂之二

图2.5.3.12 红军医院旧址

图2.5.3.13 石雕门套

图2.5.3.14 木格花窗

图2.5.3.15 石雕透窗

图2.5.3.16 石雕门墩一　　图2.5.3.17 石雕门墩二　　图2.5.3.18 墙角石雕

小结：位于湘、鄂、赣三省交界的通城县，古民居建筑风格与湘赣相当接近。楚地“天人合一”的老庄哲学，被葛洪传承、发扬的“抱朴”理念，对这里的民风民俗有深远影响。当地古民居重“气势”而不重“雕饰”。先民们善于运用简单的元素，塑造内蕴深厚的建筑形式；敢于用一堵实墙面对广场，内含丰富的空间变化；这里是鄂东南祠堂建筑最发达的地方，虽然它们都采用两湖地区常见的牌楼式构图，但处理手法各具特色；建筑重点部位偶有雕饰，也会采用简洁浪漫的造型，给人留出想象空间；室内空间的塑造更富有想象力，此地创造的由四个天井组合的流动空间，可以说开启了古代“中庭”空间设计的先河。

六、崇阳县古民居调查

崇阳远古时属三苗，春秋时为楚地。北宋开宝八年（975年）始建崇阳县，今属咸宁市管辖。崇阳县位于湖北省南端，为湘、鄂、赣三省交界处。东邻通山县，南邻通城县及江西修水县，西接通城县和湖南临湘市，北连赤壁市、咸安区。地处大幕山、大湖山、大药姑山之间，属低山丘陵区。隽水自西南流向东北，经陆水水库注入长江。隽水及下游支流两岸的平畈区，海拔高程均在100米以下，田野肥沃，面积为66.59万亩；丘陵区海拔高程在100～500米，面积为189.53万亩。崇阳县属亚热带季风气候，日照充足，温和多雨，无霜期长，四季分明。年平均气温平畈区为16.2～16.9℃，丘陵区海拔200米处为15.5℃，海拔400米处为14.8℃，低山区海拔600米处为13.8℃，海拔900～1000米为10～11℃。年平均气温16.6℃，历史上最高气温40.7℃，最低气温-14.9℃。年平均日照1588.4小时，年雨量1395毫米。崇阳县现存古民居的集中度较低，入选《中国传统村落保护名录》的只有白霓镇回头岭村、天城镇郭家岭村、白霓镇纸棚村，但散落在各处的古民居，量大面广，颇具参考价值。

（一）青山镇华陂村王佛炳故居

王佛炳故居建于清朝雍正时期，也是土地革命时期曾任鄂南中心县委宣传部部长、崇阳县委书记的王佛炳烈士的故居（图2.6.1.1）。大厅屏门上方悬挂有崇阳知县黄衮题赠的“槐堂蔚起”匾，勉励王氏家人光大先祖的辉煌业绩。故居占地面积近1200平方米，为七开间一路二进天井院。立面造型简洁，比例恰当，尺度宜人，构造得体，是鄂东南古民居“简雅型”风格的代表。建筑为砖木结构，两坡硬山小青瓦屋面，砖砌叠涩墙檐，主入口采用砖砌槽门（图2.6.1.2）。屋上正中用小青瓦拼砌的“年年有余”脊头造型优雅，为建筑增色不少（图2.6.1.3）。简雅的风格，不仅体现在建筑的结构和屏门（图2.6.1.4、图2.6.1.5），也体现在阁楼栏杆、厢房拱门、槛窗构造和柱础的造型之中（图2.6.1.6～图2.6.1.9）。建筑各处的造型虽然简单，但造型讲究，比例恰当，用料协调，表现出文人雅士的品性，很有借鉴价值。故居正厅屏门上的“槐堂蔚起”匾额，取自苏轼诗作《次韵王定国南迁回见寄》中的“逝将桂浦撷兰荪，不记槐堂收剑履”，借鉴楚辞意境，激励王氏后人抵御外侮，振兴国运，具有深刻的教育意义。

（二）白霓镇纸棚村包家大屋

据族谱记载，这个小村落的十来户人家都是包公的后裔。他们的祖先，是先从安徽合肥迁到江西、再迁到湖北崇阳的。该村过去以造纸闻名，故名“纸棚村”。村内多数古宅已毁，现存古民居多为一层土木结构建筑，两坡悬山小青瓦屋面，采用深远的出檐以防止雨雪侵蚀墙体（图2.6.2.1）。唯有位于“饶狮垄”的包家老宅为二层砖房（图2.6.2.2）。出于风水对景的需要，该建筑槽门入口内的大门与正立面偏转一个角度，石雕门匾上镌刻硕大的榜书“龙图衍庆”，表现出光耀包家门庭的志向（图2.6.2.3～图2.6.2.5）。

砖墙上镶嵌的石雕透窗，图案简洁，重点突出，具有鄂东南特色（图2.6.2.6）。天井院内的阁楼运用出挑、升起的手法突出门厅的比例，也打破了水平构图的单调感，梁柱雕饰、阁楼栏杆、木窗构造也比较简洁（图2.6.2.7）。村内有一处墀头，上面的脊翼采用形似龙口的造型，造型虽然简单但构造关系清楚，在鄂东南属于孤例（图2.6.2.8）。

图2.6.1.1 朴实的立面

图2.6.1.2 简洁的槽门

图2.6.1.3 精美的脊头

图2.6.1.4 简洁的构造

图2.6.1.5“槐堂蔚起”屏门匾额

图2.6.1.6 不事雕琢的楼栏

图2.6.1.7 简雅的门窗

图2.6.1.8 槛窗立面

图2.6.1.9 简洁的柱础

图2.6.2.1 镶嵌在山腰的小村

图2.6.2.2 两坡悬山建筑

图2.6.2.3 槽门入口

图2.6.2.4 大门转向

图2.6.2.5“龙图衍庆”匾额

（三）桂花泉镇三山村何家大屋

何家大屋建于清道光年间，大约为1821～1828年，房屋主人当年以经商为主，在积聚雄厚的财力之后，产生了放下农事，全力打造家居的念头，号称“三年不作春，只为造华堂”。结果这组大屋历经七年才造成。大屋为四路五进天井院横向组合，由何家四兄弟分居。四个入口槽门都采用三面叠级高墙围合，这种构图被重复用于天井院后面更高的厅堂，构图节奏鲜明，特点突出（图2.6.3.1）。原有建筑占地达6050平方米，48个天井均用青石板铺垫，有大小厅堂20多个，住房107间。天井院内隐含幽深的七进空间，厅堂之间的阁楼均雕梁画栋，古色古香。建筑墙体由青砖砌筑，入口采用光洁的石雕门套，厚重的木门上均匀分布着铁铆钉，室内地面铺砌水磨青砖。由于年久失修，庞大的建筑群只剩下中间部分，室内只有中间门套和一侧耳门还比较完整，门窗、隔断基本被损毁，已经不堪居住，但仍然可以看到高大墙体围合槽门的宏伟气象（图2.6.3.2）。在残存的建筑中，我们仍然发现了它的一些特点。如在残存檐廊的上方，高耸的山墙线型流畅，轮廓优雅，是古民居中少见的佳例（图2.6.3.3、图2.6.3.4）；屋檐下的空斗墙采用“二顺二眠”的构造，虽然用砖较多，却保障了主要墙体百年不垮（图2.6.3.5）；简洁的网格式门亮子是楚地常见的做法（图2.6.3.6）；内天井屋檐下，有一处镂雕撑栱造型空灵浪漫，镂雕图案为喜鹊栖梅，给人带来美好的期盼（图2.6.3.7、图2.6.3.8），其风姿不输于当代任何一件雕塑作品。

（四）白霓镇回头岭村虎头冲曾家古民居群

曾家古民居群位于崇阳县回头岭村，始建于清同治四年（1865年），房屋占地近20000平方米，顺应虎头冲的地势，由东向西呈条形排列（图2.6.4.1）。这组古民居造型简洁但颇有气势，清一色的两坡硬山屋面，青砖实墙，灰塑檐口，墙面下方为造型各异的石雕漏窗，上方设小型圆窗，以小衬大，突出建筑的立面尺度（图2.6.4.2）。由于时间久远，檐下彩绘大多依稀难辨，墀头一般不

图2.6.2.6 石雕透窗

图2.6.2.7 内部装修

图2.6.2.8 龙口脊翼

图2.6.3.1 半围合八字槽门

图2.6.3.2 残存的八字槽门

图2.6.3.3 檐廊构造

图2.6.3.4 优美的山墙

图2.6.3.5“二顺二眠”空斗墙

图2.6.3.6 网格式上亮

设雕饰，但比例与造型非常考究（图2.6.4.3）。高低错落的山墙形成了具有特色的构图节奏（图2.6.4.4），檐下绘有“竹节”彩画，这种自然写实的风格来自皖南或赣北，在鄂东南却是孤例（图2.6.4.5）。

矩形门墩、书卷式门套、造型各异的石雕透窗，都是鄂东南的典型做法（图2.6.4.6~图2.6.4.8），许多青砖刻有“同治四年”的印记，是村落的“年轮”（图2.6.4.9）。天井院内，通过架空廊柱、外挑阁楼、雕花门扇，丰富了内部的空间界面（图2.6.4.10、图2.6.4.11）。有一处临街商铺的柜台设计，在台口两侧设计矮栏，造型尺度亲和，丰富了柜台功能，今天仍有借鉴价值

图2.6.3.7 空灵的撑栱

图2.6.3.8 喜鹊登梅镂雕

（图2.6.4.12）。村内的大型民居内部设有不同形式的采光通廊和连廊（图2.6.4.13～图2.6.4.16）。这里古民居的内部装修雕饰很少，但门窗造型简洁精到，有的还颇有新意（图2.6.4.17～图2.6.4.20）。“一柱二材”的做法在这里得到普遍运用（图2.6.4.21）。村内某残存柱础，由卷曲纹基座、折线鼓

图2.6.4.1 山间台地的带状村落

图2.6.4.2 槽门立面

图2.6.4.3 檐口与墀头

图2.6.4.4 错落的山墙

图2.6.4.5 檐下“竹节”彩画

图2.6.4.6 书卷式门套

图2.6.4.7 石雕花窗一

图2.6.4.8 石雕花窗二

图2.6.4.9“同治四年”砖模

图2.6.4.10 天井院景观

图2.6.4.11 雕花门扇

图2.6.4.12 临街柜台

图2.6.4.13 采光通道

图2.6.4.14 横向连廊

图2.6.4.15 拱廊内景

图2.6.4.16 砖拱门廊

图2.6.4.17 简洁的窗格一

图2.6.4.18 简洁的窗格二

图2.6.4.19 具有新意的窗格

图2.6.4.20 厢房槛窗

图2.6.4.21“一柱二材”做法

图2.6.4.22 石雕柱础

图2.6.4.23 檐口转角构造

图2.6.5.1 两坡悬山砖木建筑

图2.6.5.2 两厢夹槽门立面

架纹过渡到鼓形石墩，造型优雅自然，堪称荆楚建筑中柱础造型的典范（图2.6.4.22）。后来在村中还发现一处L形正屋檐口转角构造，也是鄂东南特殊的案例（图2.6.4.23）。

（五）白霓镇回头岭村其他古民居

回头岭村是武汉大学首任校长王世杰的故乡。王世杰故居为三开间一进天井院、带二层阁楼的砖木建筑（图2.6.5.1）。两坡悬山、砖砌槽门、砖砌木过梁门套，为鄂东南简朴型民居常见的做法；阁楼中间用砖墙分隔两侧木窗，形成虚实对比，则是具有特色的做法（图2.6.5.2）。院内东西两厢及门厅两侧全部采用砖墙，仅在阁楼和厢房开有木格窗，应当是清末民初木材资源日渐萎缩的结果（图2.6.5.3、图2.6.5.4）。院内阁楼下方应该是当时供奉祖先牌位的地方（图2.6.5.5）。一切从生活需要出发、从构造原理出发，完全不设雕饰，体现出简朴的家风。距离王宅右侧不远的一栋民居，虽然损毁极为严重，但遗存的组合山墙构图严谨，造型优雅，堪称鄂东南古民居的典范（图2.6.5.6）。其他残存的古民居，有的中间阁楼高耸，体现出“张扬”的建筑个性（图2.6.5.7）；有的结合用地条件，灵活采用不对称构图（图2.6.5.8）。回头岭村古民居的天井院，尺度普遍大于鄂东南的普通

图2.6.5.3 门厅与天井院

图2.6.5.4 万字花纹格窗

图2.6.5.5 院内阁楼

图2.6.5.6 优雅的组合山墙

图2.6.5.7 槽门上架阁楼

图2.6.5.8 高墙小窗带槽门

图2.6.5.9 带柱廊天井院

图2.6.5.10 从檐廊看门厅

图2.6.5.11 石雕柱础

图2.6.5.12 柱廊式门厅

民居，并且空间层次和室内标高富有变化，门厅明显高于一楼房间（图2.6.5.9、图2.6.5.10）。“一柱二材”即木柱下用半截石柱的做法，在鄂东南的运用非常普遍，是当地匠人应对湿热气候，防止木柱根部腐烂的对策，石柱下面均有考究的石雕柱础（图2.6.5.11）。这里古民居的空间处理非常灵活，如门厅设计，除了局部升高，还有通高两层的柱廊式门厅和阁楼式门厅（图2.6.5.12、图2.6.5.13），从这三种门厅可以看到砖墙逐步取代木结构的趋势。

图2.6.5.13 阁楼式门厅

（六）金塘镇金塘村卢家老屋和姜家老屋

金塘镇卢家老屋（图2.6.6.1），曾是土地革命时期寿昌县苏维埃政府的办公场所。老屋占地750平方米，为两层砖木结构建筑，一字形槽门立面，七开间一路二进天井院，硬山灰瓦顶。槽门上方采用的插梁托檩的结构（图2.6.6.2），墙体采用的整石墙裙与高耸的墙角石，都是鄂东南古民居中最坚固的结构形式。石雕门套一侧，挂有旧址纪念牌匾（图2.6.6.3、图2.6.6.4），槽门上方精美的

图2.6.6.1 卢家老屋

图2.6.6.2 槽门上方插梁托檩

图2.6.6.3 整石墙裙、石雕门套

图2.6.6.4 苏维埃政府牌匾

图2.6.6.5 槽门雕梁与阳台

图2.6.6.6 檐下装饰

图2.6.6.7 墙面花窗

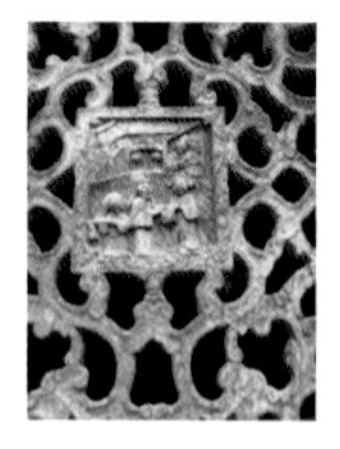

图2.6.6.8 藤蔓底纹

图2.6.6.9 窗芯人物故事

图2.6.6.10 天井阁楼

图2.6.6.11 雕梁栏杆

图2.6.6.12 姜家老屋

图2.6.6.13 石雕门套

图2.6.6.14 抱鼓石门墩

图2.6.6.15 槽门与阁楼

图2.6.6.16 天井回栏

图2.6.6.17 回栏芯板木雕

雕梁遭到人为损坏，已经看不出浮雕的内容（图2.6.6.5），檐下错动的回纹图案和彩绘也被粉刷局部掩盖（图2.6.6.6），正立面砖墙上六个石雕花窗，底纹都采用了优美的缠枝藤蔓镂空图案，方形格芯中有不同的人物故事浮雕，造型概括，幽默生动（图2.6.6.7 ~ 图2.6.6.9）。天井院的梁面雕饰也损毁严重，上面的车木栏杆具有清末民初时髦建筑的特征（图2.6.6.10、图2.6.6.11）。

姜家老屋的格局与卢家老屋基本相同，都为晚清建筑风格（图2.6.6.12）。猛一看，两栋建筑几乎一样，仔细品味则各有千秋。后者门楣下采用书卷式托角石，前者采用朵云式托角石（图2.6.6.13）；后者采用矩形门墩，前者采用鄂东南不常见的抱鼓石门墩（图2.6.6.14）；后者槽门上方是带露台的阁楼，前者槽门上方是有枋上格栅遮护的阁楼（图2.6.6.15）；一栋偏于外向，一栋偏于内向。两家的天井院都比较开阔，但天井阁楼的回栏风格迥异。后者采用车木栏杆，表现中西合璧的风格；前者采用绵密的回纹串葡萄透雕，加上圆形的浮雕芯板，体现古今结合。两家老屋最浪漫、最具特色的，当属卢家老屋的石雕透窗和姜家老屋的天井回栏（图2.6.6.16、图2.6.6.17）。

（七）白霓镇油市村古民居

在崇阳县白霓镇，不仅有始建于唐宋、完善于明代的宏大水利工程“石枧堰”（图2.6.7.1），古民居遗存也很丰富。既有下层民众的土房（图2.6.7.2），又有砖木结构的豪宅李家大院。李家大院是村中最显赫的古民居，原为一路七开间三进的天井院建筑，现在院内房屋基本垮塌，但外立面保存得相当完整（图2.6.7.3）。这栋两层砖木结构建筑采用槽门入口，石雕门套，托角石采用海棠角内加三角立体瓜瓣的组合造型，门楣下有浅浮雕太极图案，正面仿木门簪石雕“未济卦”符号，矩形门墩浮雕祥云奔鹿，表现“极盛犹瞻”的道学理念和“物无穷，变则通，通则达”的处事方法（图2.6.7.4 ~ 图2.6.7.8）。

墙上的透窗，与下面的弧形窗楣对应，造型变化微妙精巧（图2.6.7.9、图2.6.7.10）；院内厢房的槛窗，构图精到，线型简洁（图2.6.7.11）。梁柱之间的衔接借鉴了大木作斗栱造型（图2.6.7.12），阁楼梁头有体现丰收景象的雕饰盖板（图2.6.7.13）。天井院大块的石材铺装、井边考究的石雕围栏、废弃的整石井圈，都叙述着房屋主人当年富庶的农耕生活，表现出不俗的文化品位（图2.6.7.14、图2.6.7.15）。

图2.6.7.1“石枧堰”景观

图2.6.7.2 两坡悬山土墙民居

图2.6.7.3 豪华的李家大屋

图2.6.7.4 槽门入口

图2.6.7.5 立体石雕门头

图2.6.7.6 太极图浮雕

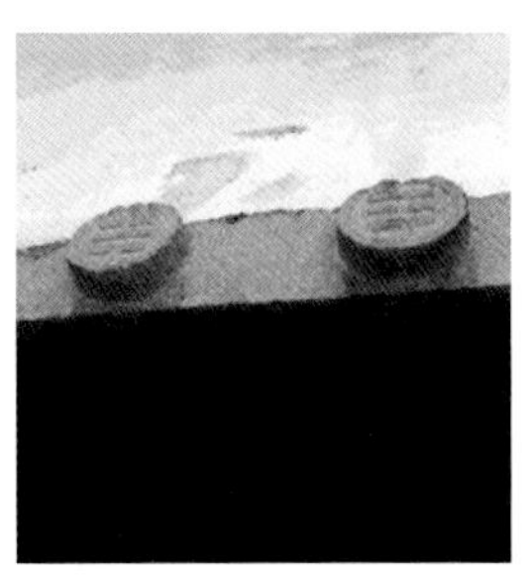

图2.6.7.7“未济卦”门簪

图2.6.7.8“祥云奔鹿”门墩

图2.6.7.9 阁楼透窗一

图2.6.7.10 阁楼透窗二

图2.6.7.11 精致的槛窗

图2.6.7.12 古雅的结构

图2.6.7.13“鸡犬相闻”雕饰

图2.6.7.14 天井院石栏

图2.6.7.15 荒废的古井

图2.6.8.1 渐变的山墙

图2.6.8.2 遒劲的墀头

图2.6.8.3 残存的院落

图2.6.8.4 精美的枋头

图2.6.8.5 弧形托枋

图2.6.8.6 浪漫的雕梁

图2.6.8.7 古老的托栱

图2.6.8.8 石雕门楣

（八）白霓镇大塘村古民居

大塘村的古民居损毁极为严重，几乎没剩下完整的空间，但在残壁断垣之间，却依然潜藏着丰富的建筑宝藏。如韵律优雅的渐变山墙（图2.6.8.1），婉转遒劲的吞口墀头（图2.6.8.2），层次丰富的荒芜院落（图2.6.8.3），简洁浪漫的随梁枋头（图2.6.8.4），因材施艺的曲木托枋（图2.6.8.5），古雅浪漫的托挑构造（图2.6.8.6、图2.6.8.7），优美飘逸的石雕门楣（图2.6.8.8、图2.6.8.9），呼之欲出的飞凤挂落（图2.6.8.10），朴素匀称的系列槛窗（图2.6.8.11～图2.6.8.13），比例精到的石雕透窗（图2.6.8.14），都表现出我们先辈卓越的艺术才能。大塘村不是废墟，而是鄂东南古民居建筑艺术的宝藏，在残墙断木之间有浓郁的楚风飘荡！

图2.6.8.9 石雕门框

图2.6.8.10 飞凤挂落

图2.6.8.11 槛窗一

图2.6.8.12 槛窗二

图2.6.8.13 槛窗三

图2.6.8.14 石雕透窗

图2.6.9.1 两厢夹门廊土楼

图2.6.9.2 木质雀替

图2.6.9.3 楼栏与斜撑

图2.6.9.4 挑外廊土楼

图2.6.9.5 弯木挑檐

图2.6.9.6 挑檐柱构造

图2.6.9.7 木质门套

（九）金塘镇畈上村古民居

畈上村留存的古民居极少，且均为土木结构建筑。一栋建在山坡的两层土楼，采用两厢夹外廊的造型，靠山向阳，布局合理（图2.6.9.1）；门廊上方，采用简洁的木质雀替承托木梁，加强了墙梁之间的联系（图2.6.9.2）；建筑底层用青砖墙，二层为土坯墙，历经百年的土墙，至今未见变形裂缝，应该得益于深远挑檐的保护，造型独特的锯齿形斜撑，也应该功不可没（图2.6.9.3）。宽阔的门廊、堆叠的木柴、牢靠的楼栏、温暖的土墙，传递出安逸温馨的生活气息。房屋女主人告诉我们，她非常喜欢这座房子，自从嫁到这里就没有离开过。另一栋土楼，采用一字形体量悬挑外廊（图2.6.9.4）；夹入土墙外挑的木穿，顺应屋面坡度下弯，承托檐檩，表现出因材施艺的智慧（图2.6.9.5）；二层挑廊已毁，但挑梁贯通墙体，上搁楼面檩条，下有纵横托木，使土木构件相互锁扣，基本结构得以保存（图2.6.9.6）；在村内，还发现了一组完整的木构门套（图2.6.9.7），门楣下的托角模仿书卷式石雕造型（图2.6.9.8）；矩形门墩的构造也与石雕门套完全相同，是鄂东南木门套中最讲究的（图2.6.9.9）。畈上村的古民居遗存，体现出当地居民因陋就简、因材施艺的智慧。

图2.6.9.8 托角与门楣

图2.6.9.9 矩形门墩

图2.6.10.1 游客中心

图2.6.10.2 竹构路亭

图2.6.10.3 竹构餐厅

图2.6.10.4 竹构茶轩

图2.6.10.5 竹构小卖亭

图2.6.10.6 精巧的结构

图2.6.10.7 巧妙的空间营造

图2.6.10.8 竹构叠檐

（十）金塘镇畈上村竹结构建筑

崇阳县的万亩竹海，孕育了大批竹建筑和竹工艺的能工巧匠，由于竹结构的耐久性较差，过去的竹建筑难以寻觅。可喜的是，在金塘镇畈上村的亲子动物园，发现了一系列竹构景观建筑，虽然都是新建的，但传承了古老的工艺，不用钉铆，构造牢固，形式多样，造型优美，非常值得称道。不仅有规模较大的游客中心和服务设施，也有小巧可人的亭台轩廊（图2.6.10.1 ~ 图2.6.10.5）。它们不仅构造合理，而且具有很强的结构美感（图2.6.10.6），内部空间的营造也十分巧妙（图2.6.10.7）。尤其是屋面的“叠檐”构造，即在外檐以上加铺一层竹瓦，既改善了竹瓦的防水性能，又改善了室内的热工性能，还能保护主体结构，丰富建筑造型（见图2.6.10.1、图2.6.10.5及图2.6.10.8），不禁使人回想起汉画像建筑中反复出现的“叠檐”构造。这应该是在陶瓦工艺不够成熟的时代，应对屋面漏雨、改善热工性能的举措。二者有异曲同工之妙。

小结：崇阳县虽然不乏宏大精致的古民居，但给我们最大的启迪是，在受到经济条件制约时，能把生活的需求放在首位，将用料、构造与功能紧密结合，创造适用、朴实的建筑形式。即使是较大的住宅，也讲究尺度合宜、构造合理，不追求夸张的造型和过度的雕饰，以精湛的匠心体现楚地亲和自然、灵动浪漫的遗风。如白霓镇李家老宅，其“极盛犹瞻”的哲学思想，居安思危、躬耕不辍的生活态度，不仅表现在门簪石雕的“未济卦”符号上，也表现在得体的建筑构造中。当代崇阳人运用传统工艺打造的系列竹建筑，更是独具匠心，精湛可人。

七、咸安区古民居调查

咸安区位于湖北省东南部，东及阳新县，南至崇阳县，西接赤壁市，北界江夏区，东南邻通山县，西北接嘉鱼县。咸安地处幕阜山系和江汉平原过渡地带，地势东南高西北低，呈阶梯状分布，依次为低山、丘陵、岗地、水网，相对高差达936.1米。东南、西南部低山区系幕阜山北翼余脉，有大小山峰218座。最高峰大幕山灶背岩海拔954.1米，相对高差50～200米，坡度为60°左右；中东部为丘陵区，海拔50～300米，相对高差达250米，坡度为30°左右；垄岗区为岗地，坡度小于5°；咸安区北部平原区，海拔在30米以下，水网密度大，最低的斧头湖海拔仅为18米，坡度小于3°。咸安区属亚热带季风性湿润气候，年平均日照为1879.65小时，年降雨量1531.4毫米。四季分明，气候温和，日照充足，雨量丰沛，无霜期长，严寒酷暑时间短。咸安区古民居遗存较多，做法考究，体现出当时较强的经济实力和深厚的地域文化底蕴。

（一）马桥镇垅口冯村古民居

宋仁宗皇佑元年（1049年），冯京三元及第，为己丑科状元，翰林学士。其后裔于明成化年间开始在马桥镇建村居住，至今已有五百多年。村落后依群山，碧水环绕，村口广场中央立有冯京雕像（图2.7.1.1、图2.7.1.2）。这里的古民居青砖黛瓦马头高耸，楼高门阔工艺精湛，既有明代建筑的特点，又有浓郁的荆楚遗风（图2.7.1.3）。历经百年风雨，虽然多数古民居已经颓毁，但“凌云第”“四德家风”“四德堂”“当世第”“瑞锦传芳”五栋“兄弟居”建筑外观依然保存较为完好，总占地达3500多平方米。

“凌云第”位于古民居群西北，坐北朝南，面宽20米，进深30米，为五开间一路两进天井院，大门上嵌“凌云第”石匾，企盼后代像祖先冯京一样志向远大，报国为民。石匾两侧嵌“福”字、“寿”字，在上屋设有冯姓祖堂，上悬“三元重光”匾，追思冯京连中“三元”的壮举，希望族人再现他的辉煌与荣光（图2.7.1.4、图2.7.1.5）。“瑞锦传芳”位于古民居群中心，面宽18米，进深50米，坐北朝南，为五开间一路三进天井院，大门上嵌“瑞锦传芳”石匾（图2.7.1.6）。“四德家风”与“瑞锦传芳”相邻，位于古民居群中心偏南，面宽30米，进深35米，为五开间一路三进天井院，

图2.7.1.1 依山傍水古村落

图2.7.1.2 村口冯京雕像

图2.7.1.3 村内景观

大门上嵌“四德家风”石匾，希望族人传承“孝、悌、忠、信”四种美德（图2.7.1.7、图2.7.1.8）。“当世第”入口向东偏转，与立面的夹角是五栋古民居中最大的。主入口采用高耸的跌级山墙夹偏转大门，槽门立面构造对称，与群体建筑取得协调（图2.7.1.9、图2.7.1.10）。“锦瑞传芳”同样采用偏转入口，通过不对称的门厅转折过渡，将空间导向大堂（图2.7.1.11）。冯村古民居空间富于变化，进入门厅，第一进天井院一般比较开阔（图2.7.1.12），当大门偏转时，会采用异形门厅过渡（图2.7.1.13），从天井之间的过厅可以看到深邃的空间层次（图2.7.1.14）。连接天井偏院的廊道，有开在厢房两侧的，也有开在厢房一侧的（图2.7.1.15、图2.7.1.16），偏院的尺度则显然小于中院（图2.7.1.17）。在相邻建筑之间，开有狭窄的巷道（图2.7.1.18）。大多数建筑采用考究的石雕门套，也有建筑采用木过梁砖砌门套，托角砖则雕成混枭线型，以打破简单的直角（图2.7.1.19）。

冯村古民居的室内装修风格简洁，构件的尺度和雕饰，与材料的特性和功能完美结合。梁柱与栏杆扶手的用料、枋头厚度的削减与雕饰的匹配、精美的柱下木墩、简约的外廊构造，相互关系如此协调，都凝结着古民居数千年进化的智慧（图2.7.1.20～图2.7.1.23）。

如果说图2.7.1.24的柱础雕饰表现出浪漫的古风，则图2.7.1.25的砖柱围栏体现了时代的

图2.7.1.4“凌云第”立面

图2.7.1.5 门套与匾额

图2.7.1.6“四德家风”立面

图2.7.1.7“四德堂”立面

图2.7.1.8 挑灯笼墀头

图2.7.1.9“当世第”立面

图2.7.1.10 跌级山墙夹槽门

图2.7.1.11“瑞锦传芳”立面

图2.7.1.12 天井院与门厅

图2.7.1.13 门厅空间转折

图2.7.1.14 天井院过厅

新潮。村内的石雕花窗、“一柱二材”的构造、精致的柱础，都具有鄂东南简洁得体的样貌（图2.7.1.26～图2.7.1.30）。不仅人员进出口的门墩要精雕细琢（图2.7.1.31），连家犬进出的洞口都毫不马虎（图2.7.1.32）。冯村古民居的总体特征是不尚奢靡而崇尚精雅，传承了宋、明两代的人文风情。

（二）浮山镇太乙村沈鸿宾故居“将军第”

沈鸿宾生于清道光十四年（1834年），因战功升任台湾海营提督；清光绪六年（1880年），为镇压台湾匪首刘参根病死台湾，被赠一品封典，授予振威将军加勃勇巴图鲁。沈鸿宾“将军第”位于浮山镇太乙村，由沈鸿宾本人于清同治七年（1868年）主持兴建，同治十二年（1873年）完成，为

图2.7.1.15 天井院两侧厢廊

图2.7.1.16 单侧厢廊

图2.7.1.17 天井偏院

图2.7.1.18 宅间巷道

图2.7.1.19 砖砌门套

图2.7.1.20 阁楼栏杆

图2.7.1.21 枋头与柱墩雕饰

图2.7.1.22 柱墩与梁头雕板

图2.7.1.23 简约外廊

图2.7.1.24 奇异的柱墩雕刻

图2.7.1.25 简洁的砖柱围栏

图2.7.1.26 石雕透窗一

图2.7.1.27 石雕透窗二

图2.7.1.28“一柱二材”构造

图2.7.1.29 简洁的柱础

图2.7.1.30 精细的柱础

图2.7.1.31 精致的门墩

图2.7.1.32 考究的犬洞

九间一路三进天井院建筑（图2.7.2.1）。建筑面宽40米，进深37米，内有房屋63间，天井9个，面积达1500平方米（图2.7.2.2）。建筑为两层砖木结构，两坡小青瓦屋面，主入口和前院的槽门入口内，大门都作向西偏转的处理。槽门上方设有门轩，槽门两侧为木枋挑吞口墀头（图2.7.2.3、图2.7.2.4）。檐口有连续的浮雕纹饰，下面是精美的彩绘，阁楼洞窗边框的造型丰润别致（图2.7.2.5）。

故居堂屋正中的第一进大门，门楣上嵌有光绪皇帝亲笔题写的“将军第”匾额；第二进大门檐下，嵌有长80厘米、宽60厘米的“皇恩旌表”大理石匾，为同治皇帝亲笔题书（图2.7.2.6）。建筑布局左右对称，于中轴天井院之间设置客堂、厅堂和祖堂，于两侧天井院布置家人起居空间，格局非常工整。厅堂空间宽敞，用料硕大，做工考究，雕刻精美。虽然梁枋的构造与雕刻的层次略有堆砌之感（图2.7.2.7～图2.7.2.10），但总体风格不尚写实，具有抽象、遒劲的古风（图2.7.2.11）。

室内各处的做工都很精细，但风格和手法不够统一，影响了整体的协调性。以门窗为例，图2.7.2.12～图2.7.2.14三个槛窗的木雕花格看上去差不多，其实构图方式和细节处理完全不是一个路子，不宜用于同一个建筑。图2.7.2.15、图2.7.2.16两个实例都用冰纹，但前者棱条外凸，后者棱条内凹；前者搭接简单，后者搭接精巧，属不同层次的两种风格；图2.7.2.17又回到了普通民宅风格。图2.7.2.18采用高浮雕点缀写实花卉的手法，不仅题材与前面的图案相去甚远，与民居内其他

图2.7.2.1 建筑群鸟瞰

图2.7.2.2 建筑立面

图2.7.2.3 槽门与门轩

图2.7.2.4 吞口墀头

图2.7.2.5 檐画与阁楼洞窗

图2.7.2.6“皇恩旌表”石匾

图2.7.2.7 天井院大厅

图2.7.2.8 大厅装修

图2.7.2.9 内部通廊

图2.7.2.10 天井侧院装修

图2.7.2.11 木雕楼栏

图2.7.2.12 木雕花格窗一

图2.7.2.13 木雕花格窗二

图2.7.2.14 木雕花格窗三

图2.7.2.15 冰纹门扇

图2.7.2.16 冰纹槛窗

图2.7.2.17 透雕窗格

图2.7.2.18 透雕花窗

透雕花窗的手法也很难协调。出现上述现象，可能是主持人公务太忙，要求又急，只好邀请多路能工巧匠赶工，虽然每个构件单看都没有毛病，甚至堪称极品，合在一起则显得不伦不类，大相径庭，影响整体协调。太乙村的沈鸿宾"将军第"，为我们提供了很多精彩的资料，也提供了反面的教训。

（三）桂花镇刘家桥村古民居

刘家桥村位于通山、江西通往咸宁、汉口必经之路的两侧。村落始建于明崇祯三年（1630年），现存古民居为清代中晚期风格。古民居总面积达35000平方米，有大小房屋740余间，小道38条，天井54个，廊桥1座，独木桥1座。村落的格局很有意思，在过境道路的一侧设独拱石桥跨越白泉河，依坡而上的村落隐藏在两边邻水的商业建筑后面，可惜后来在维修中，桥头的墙门被通体粉白，掩盖了原来的构造信息（图2.7.3.1、图2.7.3.2）。图2.7.3.3为桥的原貌，可以清晰地看到砖砌体、石雕券门、"银滚边"檐下装饰、两坡小青瓦屋面。木梁上雕龙凤八卦图，两侧立面由砖砌花格墙、低矮的美人靠组成有趣的不对称构图，与村落建筑群体非常协调（图2.7.3.4）。过去桥头常年设有炉灶茶桶，村民四季轮番烧茶，免费供行商游客饮用。条条青石板路，将分散的民居组团联系在一起。廊桥与沿河的建筑，形成富有变化的曲尺形空间，台地错落，蹬道蜿蜒，林木斐然，店铺林立，过客在此吃、住、游、购，从古到今游人如织，热闹非凡（图2.7.3.5、图2.7.3.6）。

桥亭采用穿斗与抬梁相结合的构造，突出中间的交通功能，留出两侧的坐憩空间（图2.7.3.7）。桥梁两侧，有没落的古宅（图2.7.3.8），门楣上的"彭城世家"匾额，叙述着源于帝王之乡的徐州先祖的荣耀；也有敞亮规整的房舍（图2.7.3.9）。村内的建筑虽然毁坏严重，但仍然具有各自的特

图2.7.3.1 依山跨水的刘家桥村

图2.7.3.2 隐身的村落

图2.7.3.3 拱桥立面

图2.7.3.4 桥头景观

图2.7.3.5 临水茶亭

图2.7.3.6 古老客栈

图2.7.3.7 桥亭构造

图2.7.3.8“彭城世家”老屋

图2.7.3.9 俨然的房舍

图2.7.3.10 立体结构

图2.7.3.11 幽深街巷

图2.7.3.12 晚清窗檐

图2.7.3.13 浪漫檐画

图2.7.3.14 简洁墀头

色。如简朴平实的普通民居，在屋上累架，形成虚实相生的复杂结构（图2.7.3.10）；幽深巷道中的建筑，采用西式拱门和弧形窗檐，可以看到晚清受西洋文化影响的痕迹（图2.7.3.11、图2.7.3.12）；残存的檐画虽然损毁严重，但造型和色彩运用都具有古雅浪漫的特点（图2.7.3.13）；山墙和墀头造型虽然比鄂东南其他地方简洁，但仍然表现出吞口墀头的地域特点（图2.7.3.14、图2.7.3.15）。刘家桥的古民居大多用料厚实，空间高敞，装饰考究（图2.7.3.16、图2.7.3.17）。受坡地高差影响，有的建筑中堂与门厅标高竟相差半层楼之多（图2.7.3.18）。

所有大户人家，都会在厅堂上方悬挂“慈德育人”“节孝流芳”之类的匾额，鼓励后人传承美德，忠孝上进（图2.7.3.19～图2.7.3.21）。民居内部厅堂的梁枋，几乎都采用上等木料制作，使浪漫的构思、复杂的雕镂得以形成（图2.7.3.22～图2.7.3.28）。古民居内外的各种通道，从串通天井院的厢廊，到衔接内部的偏院、后院与花园，从建筑两侧的街巷到山林田野，随着空间层次的变化，铺装材料也由规整的条石逐渐演变为自然的片石，过渡非常自然（图2.7.3.29～图2.7.3.35）。

这里的石刻门套，很少采用鄂东南常见的书卷式。各户的门套看似相同，实则不一（图2.7.3.36～图2.7.3.40）。常见的金钱纹石雕透窗，也比一般村落的做法更为精致（图2.7.3.41）。中心村之外分散的古民居，做法相对比较简朴，但布局跟着坡地自然错落，与环境的结合非常得体（图2.7.3.42）。有的村落通过精心修复，基本还原了当初整洁的街巷和考究的院落风貌（图2.7.3.43、图2.7.3.44）。

图2.7.3.15 吞口墀头

图2.7.3.16 开阔的天井院

图2.7.3.17 巨大尺度

图2.7.3.18 从中堂看门厅

图2.7.3.19 深邃的空间

图2.7.3.20 前厅牌匾

图2.7.3.21 过厅牌匾

图2.7.3.22 考究的装饰

图2.7.3.23 槛窗隔扇

图2.7.3.24 天井楼栏

图2.7.3.25 木雕隔屏

图2.7.3.26 门窗立面

图2.7.3.27 浪漫窗格

图2.7.3.28 古雅的楼栏

图2.7.3.29 天井通廊

图2.7.3.30 调节高差

图2.7.3.31 街接内院

图2.7.3.32 街接巷道

图2.7.3.33 街巷空间一

图2.7.3.34 街巷空间二

图2.7.3.35 街巷空间三

图2.7.3.36 朵云门头

图2.7.3.37 海棠门头

图2.7.3.38 蝠纹门头

图2.7.3.39 线型门头

图2.7.3.40 门内构造

图2.7.3.41 石雕透窗

图2.7.3.42 自然错落的布局

图2.7.3.43 修复的街道

图2.7.3.44 修复的天井院

小结：咸安区古民居最大的特色是建筑的布局与造型紧密结合地貌，以刘家桥为代表的古民居群，完美地体现出“因地制宜，亲和自然”的优良传统；传承优秀的耕读文化是咸安区古民居的特色之二，如冯村的“凌云第”“四德家风”“四德堂”“当世第”“瑞锦传芳”系列古民居群，将“孝、悌、忠、信”四种美德做成门匾，让家人举头可望，时时鞭策自己，体现出高度的文化自觉；咸安区古民居的特色之三是“轻外而重内”，虽然有的民居与鄂东南其他地方一样，也做了考究的吞口墀头夹槽门，但更多的建筑主入口以墙门为主，有的连门檐也不做，立面非常简洁，将重点放在建筑内部，构造与装饰一丝不苟；咸安区古民居的特色之四是装饰风格简洁，点到为止，从中可以窥探到“简雅”的宋明遗风；咸安区古民居的特色之五，是在构件装饰中大量采用远古的铜器和漆器图案，体现出浪漫的荆楚风韵。

八、嘉鱼县古民居调查

嘉鱼县春秋战国时为楚地，西晋太康元年（280年）设沙阳县，南唐保大十一年（953年）定名嘉鱼县，现属咸宁市管辖。嘉鱼县地处长江中游南岸，县境全长85公里，宽5.7～17.9公里，总面积

1017平方公里，其中陆地面积712平方公里，水域面积305平方公里。嘉鱼县属亚热带季风气候，全县年平均气温17.0℃，最低气温-12℃，最高气温40.2℃，年降雨量1370毫米，年平均日照为1879.65小时。日照充足，四季分明，雨热同季，湿度较大，气候温和，无霜期长。嘉鱼县水资源丰富，现有丘岗湖泊和平原湖泊16处，总面积达123.67平方公里。过去嘉鱼县交通比较闭塞，以自给自足的农业经济为主，优秀古民居遗存较少。邻近武汉市的区位和改革开放后交通条件的改善，使这里的经济发展较快，古民居的毁坏也很严重，已经找不到较完整的古村落，少量散落的古民居单体也基本无人居住，并在当前的建设中继续被拆毁。保护古民居历史遗存的工作，应当引起当地管理部门的高度重视。

（一）官桥镇梁家村古民居

过去的官桥镇，为连续起伏的丘岗地貌，自然植被茂盛，田地较少，经济落后，民居以满足基本的居住功能为主。土墙灰瓦，两坡悬山屋面，直棂窗户，反映了当地底层民众的居住方式（图2.8.1.1、图2.8.1.2）。在土墙上直接预留阁楼洞窗，用土墙夹木梁挑檐檩（图2.8.1.3），体现出当地先民因陋就简、因地制宜的智慧。有的古民居采用首层青砖与二层土砖组合的墙体（图2.8.1.4）；条件较好的住户，其住宅两层墙体全都采用砖墙（图2.8.1.5）。柱廊托檐檩，使槽门的进深扩大（图2.8.1.6）。残存的简陋檐廊已经看不出梁柱之间的联系，很可能是改建的结果（图2.8.1.7）。采用砖石砌体、木板过梁组合的门洞（图2.8.1.8）。弧形窗檐的做法具有清末民初的建筑特征（图2.8.1.9）。檐柱下半截石柱连柱础，角部刻槽，上端内收，是具有当地特色的做法（图2.8.1.10）。砖墙转角处条石的刻槽，与石柱的做法相协调（图2.8.1.11）。

图2.8.1.1 掩映于山林中的土砖房

图2.8.1.2 石台基单层版筑土房

图2.8.1.3 土墙洞窗与挑檐

图2.8.1.4 首层青砖二层土砖组合墙体

图2.8.1.5 砖砌二层楼房带槽门

图2.8.1.6 槽门带檐柱

图2.8.1.7 简陋的木构檐廊

图2.8.1.8 砖石门洞木板过梁

图2.8.1.9 弧形窗檐与直棱木窗

图2.8.1.10 半截石柱带柱础

图2.8.1.11 转角护墙条石

图2.8.2.1 被改建过的古民居

图2.8.2.2 书卷式门套

图2.8.2.3 室内空间

图2.8.2.4 砖砌厢房

图2.8.2.5 天井构造简单

图2.8.2.6 残存内院

图2.8.2.7 书卷式托角石

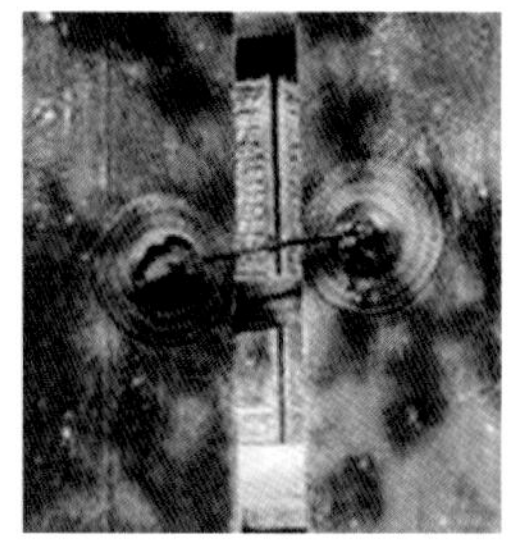

图2.8.2.8 门环残件

图2.8.2.9 规整的槛窗

（二）鱼岳镇铁坡村古民居

铁坡村的古民居在嘉鱼县是名气较大的，但也多被拆毁，仅存的一二处建筑，随意改建也很严重。如一栋两坡悬山的古民居，被大面积粉刷遮盖了原来的砖砌体构造，窗洞被加大，原有的窗格也换成了简单的玻璃窗（图2.8.2.1）。另一栋古民居，书卷式门套保留得相当完整（图2.8.2.2）。厚实的墙体、天井周边全部采用砖砌隔墙，天井上方的构造也极为简单，一看就是清末民初的建筑做法。建筑内外都不如清中期以前那么讲究，应当是没落的时运使然（图2.8.2.3 ~ 图2.8.2.6），但从精致的书卷式托角石、考究的铁叶门环残件、规整的槛窗，说明在经济条件并不宽裕的清末民初，铁坡村的民居已经是相当讲究了（图2.8.2.7 ~ 图2.8.2.9）。

（三）嘉鱼县其他古建筑

在鱼岳镇和陆溪镇，好不容易在普通建筑之间，发现了被夹持的两栋古民居，至今仍然有人居住，但建筑外观、内部构造都被改建，除了露出的山墙轮廓，原有细节几乎踪迹全无（图2.8.3.1 ~ 图2.8.3.4）。嘉鱼县城郊的吴王行祠是具有厚重历史的建筑遗存，却在维修中被整体粉

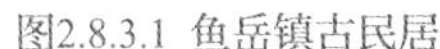

图2.8.3.1 鱼岳镇古民居

图2.8.3.2 残存的山墙

图2.8.3.3 陆溪镇古民居

图2.8.3.4 保存完整的山墙

图2.8.3.5 被改建过的吴王行祠

图2.8.3.6 被改建过的民居

刷掩盖了原有的砖墙构造，又加大了门窗洞口，使建筑变得越来越“现代”，使悠远的历史韵味基本消失（图2.8.3.5）。有些地方，在发展休闲产业的过程中，对古民居进行了改造和恢复重建，新加的元素完全压倒了传统民居的历史信息，也是不妥当的（图2.8.3.6）。

小结：嘉鱼县的古民居，受当时相对闭塞的交通条件和相对较差的经济条件制约，大多采用土木结构，少数采用砖木结构的建筑也不如鄂东南其他地方那么考究，但天井院布局、两坡悬山、土墙与青砖的结合运用、直棱槛窗等形式，仍然具有鄂东南古民居的典型特征。虽然这里很少有宏大的建筑空间和精美的雕梁画栋，却体现出嘉鱼一带淳朴的民风和因地制宜的建筑智慧，使这些仅有的建筑遗存，愈发显得珍贵。

九、赤壁市古民居调查

赤壁市先秦时属楚地，三国东吴黄武二年（223年）始建蒲圻县，此后其隶属屡有变更。1986年国务院批准蒲圻设县级市，隶属咸宁地区管辖。1998年国务院批准蒲圻市更名为赤壁市，1998年由咸宁市代管。赤壁市位于湖北省东南部。东与咸安区接壤，南与崇阳县交界，东北与嘉鱼县连接，西北隔长江与洪湖市相望，西隔潘河与湖南省临湘市相望。京广铁路、107国道、京港澳高速公路和京广高速铁路自东北向西南贯穿全境，被称为“湖北南大门”。赤壁市位于幕阜山余脉与江汉平原之间，地势由东南向西北逐渐倾斜，构成“六山二水二分田”的格局。东南部为海拔500米左右的低山群，岳姑山脉的金紫山、老鸦尖、风打尖东西连绵；最高的山峰为赵李桥镇观音尖，海拔高达852米；中部京广铁路沿线，两侧丘陵海拔260米左右；西北部冲积平原，平均海拔约50米；最低处神山镇的西梁咀聂家，海拔仅有19.3米。赤壁市属亚热带季风气候，历史上最低气温仅为-6°C，最高气温40°C度，年平均气温16.9°C，年平均无霜期为247～261天，年平均降雨量1251～1608毫米，年平均日照1679.65小时。雨量充沛，温暖湿润，日照充足，四季分明。明末清初，这里形成了万里茶道五大茶区之一的鄂南茶区，茶产业的滚滚财源，极大地推动了赤壁市的古民居营造。

（一）赵李桥镇羊楼洞村古民居

明末清初，以通山县羊楼洞为中心的鄂南茶区，包括湖北省的蒲圻、崇阳、咸宁、通城和与湖南交界的山区。19世纪初，晋商在此经营三玉川、巨盛川、长裕川等多家茶行，“川”字牌砖茶，在蒙古和俄国西伯利亚广受欢迎[1]。特殊的地理位置，使羊楼洞成为清末民初茶叶生产、制作、流通的中心。《新溪景物志》记载了羊楼洞茶叶出江的情景：“夏汛来时，则外江舟楫鱼贯而入，沿埠舷艄相错，桅樯林立；夏口、岳州货轮亦鼓浪来港，吞吐食货。埠头牙行、茶肆、商贸云集，装卸吆喝甚嚣尘上，全然一幅‘清明上河图’映于眼底也。”羊楼洞入口门楼造型峭拔，券门两侧“东西口外洞庄川字飘香万里，唐宋以来羊楼三泉酽醉千年”的对联，是当年繁盛景象的描述。阁楼的扁窗、垂柱式挑台、浪漫的撑栱挑檐，体现出灵动的楚风（图2.9.1.1～图2.9.1.4）。清末民初，数十座茶叶码头、货站紧邻弯曲的潘河，沿岸线向后，自然衍生出弯弯曲曲的内街和多样的商铺立面（图2.9.1.5～图2.9.1.9）。石板街两侧的百余家茶叶作坊，多为两层楼房，另有茶庄、钱庄、商铺、

图2.9.1.1 面河的门楼

图2.9.1.2 门楼侧面

图2.9.1.3 楼洞对联

图2.9.1.4 精到的构造

图2.9.1.5 临水的货栈

图2.9.1.6 蜿蜒的内街

图2.9.1.7 石板道下设排水道

[1] 张宁．“万里茶道”茶源地的形成与发展[N]．中国社会科学报，2020-05-20.

图2.9.1.8 出挑的阳台

图2.9.1.9 虚实交替的商铺

图2.9.1.10 转角的双面商铺

图2.9.1.11 挑出的露台

图2.9.1.12 内退檐廊

图2.9.1.13 砖柱立面

图2.9.1.14 板壁立面

图2.9.1.15 砖墙石门

图2.9.1.16 普通槽门

图2.9.1.17 偏转槽门

图2.9.1.18 石梁阁楼槽门

酒肆，形成了日进斗金的街市。这些临街的商铺用料考究，造型变化多端。在同一条街上，我们就发现有转角铺面、挑台门檐、内退檐廊、砖柱平檐、活板立面、墙门石套等多种立面样式的变化（图2.9.1.10~图2.9.1.15）。

赵李桥的古民居，基本都是两层砖木建筑（图2.9.1.16），槽门入口；出于风水对景的需要，许多鄂东南的入口大门在槽门内偏转，这里有一栋民居的入口偏转接近30°，是当地偏转角度最大的（图2.9.1.17）；有的采用整石过梁代替木梁，角部还装饰有棋眼石刻构件（图2.9.1.18）；还有采用“撮箕口”平面的三合院建筑（图2.9.1.19）；也有采用独立院门的花园住宅。古民居直接面对街面的石雕门套，一般都比较简洁秀巧，偶尔有带门匾、门檐的做法，也不用徽派建筑层叠的雕饰，造型比例得体，手法较为收敛（图2.9.1.20、图2.9.1.21）。吞口墀头是鄂东南古民居的典型做法，在羊楼洞，不仅墀头的下肩、正身、盘头、戗檐轮廓更为考究，有的甚至将正面的雕刻造型转向侧面，做成了浅浮雕的卷云（图2.9.1.22、图2.9.1.23）。这里古民居的雕饰主题虽然与其他地方大同小异，但空灵的造型、激越的流线，表现出楚地神秘、浪漫的风情，从抱鼓石的基座、鼓身、兽头以及柱础的造型可见一斑（图2.9.1.24、图2.9.1.25）。残存的码头、凋零的板桥，依然传递着当地先民亲近自然的巧思（图2.9.1.26、图2.9.1.27）。

图2.9.1.19“撮箕口”阁楼

图2.9.1.20 石雕门檐

图2.9.1.21 石雕门套

图2.9.1.22 吞口墀头一

图2.9.1.23 吞口墀头二

图2.9.1.24 灵动的抱鼓石

图2.9.1.25 精到的鼓形柱础

图2.9.1.26 沿河码头

图2.9.1.27 曲折板桥

（二）羊楼洞村雷家大院

像雷家大院这种占地达到25000多平方米，设有多个门楼、多重花园的大宅院，不仅在羊楼洞，在耕地紧缺的鄂东南都是仅有的，也说明到了封建社会晚期，商业经济已经呈现出对农业经济的挤压态势。雷家第16代传人雷兰刚，因为诚信正直，获得晋商“大昌川”的支持，在栗树咀逐渐发展起20多家茶行，并建起豪华的雷家大院。在以商业接待功能为主的园林入口，设置“川流不息”院门，两侧有“松涛竹栏尽入羊楼，峰回路转别有洞天”的对联（图2.9.2.1、图2.9.2.2）。位于大院中部的雷家大屋，由四进天井院、五进厅堂组成。走过门厅，在宽敞的“川流不息”天井院内，设有用于茶叶交易的大型称衡，构造相当精美（图2.9.2.3、图2.9.2.4）；“乾坤正气”正厅，是家人起居和家族议事的场所（图2.9.2.5、图2.9.2.6）；在深邃的天井院空间中，“瑜谨书院”是家族的学堂，天井上方的八边形藻井，由多级云纹雕梁垂柱、重重鹤颈轩、八只飞翔的鸽子，过渡到圆形井口造型，构成“八方安和”的意象（图2.9.2.7～图2.9.2.9）；厅堂顶部，设有与天井协调的八边形立体藻井和吊灯（图2.9.2.10）；“求源从上”厅是家人聚会、议事、宴飨客人的地方，厢房两侧

图2.9.2.1“川流不息”院门

图2.9.2.2 匾联

图2.9.2.3 天井院称衡

图2.9.2.4 天井院和客厅

图2.9.2.5“乾坤正气”厅

图2.9.2.6 室内过厅与楼梯

图2.9.2.7 重重天井院

图2.9.2.8“瑜谨书院”厅

图2.9.2.9 叠级井口装修

图2.9.2.10 八边藻井与吊灯

图2.9.2.11“求源从上”厅

图2.9.2.12 券门雕栏

图2.9.2.13 狮子雕塑

图2.9.2.14 阁楼雕饰

图2.9.2.15 穿枋雕饰

图2.9.2.16 门窗隔扇

设连通厨房的券门（图2.9.2.11、图2.9.2.12），方形藻井下设鹤颈轩，用怀抱小狮的撑栱寓意“施子”（图2.9.2.13），厅堂周边的梁枋、回廊栏杆、门窗隔扇均有精美的雕饰（图2.9.2.14 ~ 图2.9.2.16）。

在两侧厢房内，设有账房、休息厅、卧室（图2.9.2.17 ~ 图2.9.2.19）。主卧室的床榻，不仅设有门轩，更在床门与床榻之间设有过渡空间，是极为罕见的实例（图2.9.2.20）。后花园门楼采用跌级的八字门墙，小巧的墀头门廊与后花园的尺度取得协调；花窗、窗檐与墙檐丰富了错落的构图韵律；门上墙面的抽象的建筑图案装饰，在当时应当是极具新意的（图2.9.2.21、图2.9.2.22）。

图2.9.2.17 落地罩

图2.9.2.18 账房

图2.9.2.19 休息厅

图2.9.2.20 床前门轩

图2.9.2.21 后院门楼

图2.9.2.22 墙面抽象装饰

图2.9.2.23 服务用房

图2.9.2.24 内院客房一

图2.9.2.25 内院客房二

图2.9.2.26 廊檐构造

图2.9.2.27 檐口构造

图2.9.2.28 内花园

图2.9.2.29 内院井台

图2.9.2.30 百龄桥与石幢

图2.9.2.31 雷家大院景石

宽绰的花园内，接待客商的用房不仅造型优雅，空间丰富，细节构造也一丝不苟（图2.9.2.23～图2.9.2.25）。如在檐廊下，木柱两侧用单栱托枋，木穿出头挑托厚实的连檐，使檐口的构造紧凑而牢固，设计颇有新意；山墙、挑檐与梁柱的搭接也堪称简洁完善（图2.9.2.26、图2.9.2.27）。内部花园空间宽敞，由石壁、石墩、二龙吐水石雕围合的蓄水池，造型凝重古雅，成为院内的核心景观（图2.9.2.28、图2.9.2.29）。后花园门外，正对一座小型石拱桥，桥头一侧，在四个坐墩中间立有"百龄桥"石幢，与一湾清水、绿树繁花、自然景石相映成趣，寓意深刻（图2.9.2.30、图2.9.2.31）。

（三）官塘驿镇张司边村古民居

张司边村属赤壁市官塘驿镇，位于黄沙山区腹地。清朝中晚期，这里走出了传奇将军刘先文，他身怀绝技，先后效力咸丰、同治两代皇帝，屡立战功，同治十二年（1873年）授安庆协副将，提督从一品。这位将军乐善好施，为家乡修建了石板路、石桥、水井和学堂。山林环护的村落，多个民居组团围绕中心场地，呈现自由的向心式布局（图2.9.3.1、图2.9.3.2）。现在村民基本都搬到新村居住，连留守的老人都不多，古老的村落显得格外荒凉（图2.9.3.3～图2.9.3.5）。由于年深日久，这里的古民居已经很难找到当初完整的面貌（图2.9.3.6～图2.9.3.8），但残存的天井院，大多空间宽敞，铺装考究，用料硕大，阁楼雄壮；柱础、梁枋、栏杆、门窗残存的雕刻也很精美，能找到各种空间、构造和装饰的类型。可以看出，这座古村当年在鄂东南是具有较高地位的（图2.9.3.9～图2.9.3.14）。

村内古民居的很多做法，都体现出高等级建筑的特征。如入口上方的如意栱檐轩（图2.9.3.15）、天井院内的大块整石铺装（图2.9.3.16），都超出了一般民居的档次；梁柱的结合方法、梁面的开光曲线、雕饰的组构关系，都有自己的特点（图2.9.3.17～图2.9.3.19）；门窗比例得当，用料与时俱进，窗扇构图浪漫，裙板雕刻精细（图2.9.3.20～图2.9.3.22）；门板用料厚实，铁叶门环简洁大气（图2.9.3.23）。在墙角立柱，是张司边村古民居的特点之一，柱子均采用石木两种材料构造，柱面、柱墩都有雕饰，柱墩造型优美，浮雕内涵寓意丰富，反映出房屋主人对美好生活的向往（图2.9.3.24～图2.9.3.27）。

图2.9.3.1 山林间的古村落

图2.9.3.2 自由的建筑组团

图2.9.3.3 居民新村

图2.9.3.4 村内景观一

图2.9.3.5 村内景观二

图2.9.3.6 被多次改建的门一

图2.9.3.7 多次改建的墙门二

图2.9.3.8 厚实的石雕门框

图2.9.3.9 宽阔的天井院

图2.9.3.10 天井院厢廊

图2.9.3.11 雕梁楼栏与隔扇

图2.9.3.12 厚重的墙角石

图2.9.3.13 垮塌的厅堂

图2.9.3.14 残存的祖堂

图2.9.3.15 如意栱檐轩

图2.9.3.16 整石铺装的天井

图2.9.3.17 梁柱衔接构造

图2.9.3.18 梁面开光曲线

图2.9.3.19 梁底透雕花托

图2.9.3.20 昂贵的玻璃门扇

图2.9.3.21 复杂的门扇构造

图2.9.3.22 精细的裙板雕饰

图2.9.3.23 考究的铁叶门环

图2.9.3.24 万象更新

图2.9.3.25 鹊鹿灵芝

图2.9.3.26 老鼠演戏

图2.9.3.27 蝙蝠贺寿

（四）赤壁市其他古民居

上述古民居保留的信息是相对完整的，另外，在一些零散的古民居中，我们也发现了一些有价值的建筑信息。如官塘驿镇大贵村周家祖屋，其两翼的建筑已不复存在，内部构造也已颓毁，但残存的高大体量、墀头夹槽门阁楼的做法、厚实的石门套、巨大的灰塑门匾，依然在述说昔日显赫的家世；建筑残存的构造做法仍然具有参考价值，墙面残留的红色文化信息，也具有重要的历史意义（图2.9.4.1、图2.9.4.2）。其他古民居中残存的石雕构件，如安字纹石雕漏窗、墙面镶嵌的石狮雕刻，也表现出特定时代的文化信息（图2.9.4.3、图2.9.4.4）。吉祥的鹿梅窗花、奇异的夔凤阁楼栏杆，都具有鲜明的地域特色和很高的审美价值（图2.9.4.5、图2.9.4.6）。在残存的古民居黄沙老屋1号中，也发现了一些有意义的信息，如在墙角立柱支撑阁楼的特色构造、随弯就势的枋间透雕（图2.9.4.7、图2.9.4.8）。在其他古民居中，还发现有丰富的虚实界面组织、错落的梁枋搭接、内收的随梁枋、古雅的透雕阁楼栏杆等，都是在鄂东南极少见到的做法（图2.9.4.9～图2.9.4.12）。

图2.9.4.1 周家祖屋

图2.9.4.2 显赫的门面

图2.9.4.3 石雕漏窗

图2.9.4.4 灵动的石狮

图2.9.4.5 山鹿逢春窗花

图2.9.4.6 夔凤阁楼栏杆

图2.9.4.7 墙角柱与阁楼

图2.9.4.8 随弯就势的枋间雕饰

图2.9.4.9 界面虚实变化

图2.9.4.10 错落的梁枋构造

图2.9.4.11 内收的随梁枋

图2.9.4.12 古雅的楼栏

图2.9.4.13 黄沙老屋2号

图2.9.4.14 残留的门檐构架

图2.9.4.15 并列的兄弟居

图2.9.4.16 简洁的侧门檐

其他特殊的案例，如古民居黄沙老屋2号，采用多种造型元素组合立面，让我们看到了鄂东南先民自由的构图方法（图2.9.4.13）；如安丰村但家老屋，门檐虽然基本垮塌，入口上方残存的构架仍然彰显着当年的气势（图2.9.4.14）；天龙古庵旁边的一组古民居，说明兄弟并列的建造方式在百年前就已经存在（图2.9.4.15）。在其他不知名的古民居中，还发现有侧门的简单门檐（图2.9.4.16）、屋脊上美丽的小青瓦脊头（图2.9.4.17）、立在泥泞中的特殊石柱础和圆形砖柱（图2.9.4.18）、线形优雅的梁下挂落（图2.9.4.19）、简洁完整的门扇（图2.9.4.20）、点线面结合构图清雅的门扇残件（图2.9.4.21），这些做法各具特色，丰富了我们的调研成果。而中港村堰上简单的石拱桥，由于年深日久，基本被灌木藤条掩盖，成了野趣盎然的水上绿桥，也能给我们今天的设计带来启发（图2.9.4.22）。

图2.9.4.17 美丽的脊头

图2.9.4.18 圆形砖柱

图2.9.4.19 优雅的挂落

图2.9.4.20 简洁的门扇

小结：赤壁市为明末清初万里茶道的核心节点，鄂南茶区的中心，繁盛的茶产业造就的雄厚经济基础，为古民居营造提供了良好的条件，使这里古民居的营造规模和建筑品质，在鄂东南堪称第一。和鄂东南其他较发达的地区一样，当地古民居都以两层双坡的砖木结构建筑为主，但天井院的尺度普遍较大，用料、装修也更为讲究。由于处于南来北往的茶叶古道要冲，文化交流频繁，古民居的建筑风格受外来影响较大，融合性创造的特点更为突出，从许多古民居的造型和装修，既能看到周边建筑的影响，也能看到远古的荆楚遗风。随着近代茶产业的衰落和后来越来越快的经济发展，大量古民居的原址上都进行过多次重建，使老街上那些幸存的商铺、残墙上精美的拴马桩、青石板道上蜿蜒的车辙，显得愈加珍贵。

图2.9.4.21 门扇残件

图2.9.4.22 自然的绿桥

第三章

鄂东南古民居特色研究

一、鄂东南古民居特色的成因

特殊的地理条件、自然气候、经济基础、历史文化、聚居风俗、审美偏好，是形成鄂东南古民居特色的原因。

1．地理条件

鄂东南古民居风貌区（图3.1.0.1）位于湖北省东南部，长江中游南岸，幕阜山北麓与江汉平原之间的过渡地带。这里地理形态多样，自然资源丰富，山水景观优美。在与湘赣两省交界的低山丘陵区，有高峻清爽的东方山，峰岭奇秀的西塞山，氤氲的咸宁温泉。邻近江汉平原，有清秀的梁子湖，著名的仙岛湖。湖北号称千湖之省，鄂东南的湖泊总数占其中近三分之二。妩媚的自然景观、多变的以低山丘陵为主的地形地貌、宝贵的农业用地，催生了鄂东南古民居紧凑、多元的布局形式；因地制宜、尽量少占耕地，是鄂东南古民居布局的基本原则；依山傍水、向水而居，体现了当地亲近自然的民风。而三省交界的地理位置（图3.1.0.2），使鄂东南古民居具有融合苏、皖、湘、赣建筑风格的艺术特征。

2．自然气候

鄂东南属亚热带季风气候，降水充沛，日照充足，四季分明，无霜期长，土地肥沃，物产丰

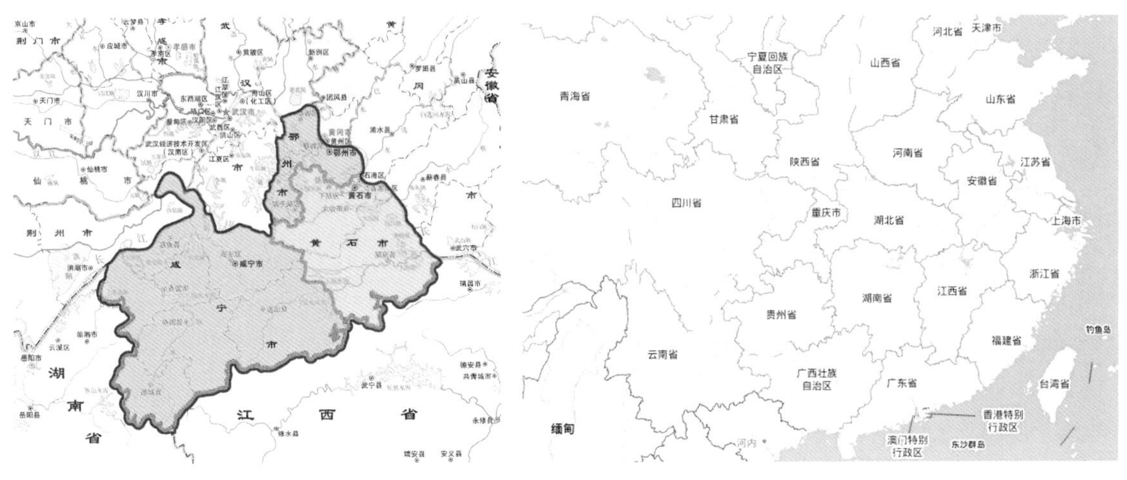

图3.1.0.1 鄂东南古民居风貌片区

图3.1.0.2 鄂东南与邻省关系图

富。冬季盛行偏北风，夏季盛行偏南风，年平均日照1700小时，年平均气温约17℃。降雨量1550毫米，主要集中在春夏两季。夏季偏热、冬季偏冷的气候特征，催生了鄂东南古民居适应当地气候，用高墙小窗削弱外部极端气候的影响，用天井院通风采光，用内部通廊调节风道，营造相对舒适的内部环境的建造模式。砖木结构、两坡硬山，是鄂东南建筑的主要形式。少数土木结构的民居则采用两坡悬山构造，并通过在土墙下部砌筑砖墙、加大悬山的出檐来应对多雨的气候，提高墙体的耐久性。

3．经济基础

自南宋开始，中国的经济中心南移。到明末清初，鄂东南不仅成为南来北往的重要商道，也成了万里茶道的核心节点（图3.1.0.3）。富庶的经济条件，催生了高品质民居的建设。这里的古民居不仅规模较大，用料、装饰也很考究，是湖北省古民居中采用砖木结构最多、土木结构最少的地区。

图3.1.0.3 万里茶道核心节点[1]

4．历史文化

鄂东南原住民是远古百越的一支，即扬越。西周末，楚君熊渠兴兵伐庸，扬越被楚兼并，楚王封其子为越章王。楚国吞并南方各个种族，跨越今天的11个省，面临的情况极其复杂。黄瑞云在《楚国论》中说，华夏蛮夷濮越，文明程度相差很大，历史渊源各不相同，楚国都能加以安抚。楚国在战争中从未像秦军那样动辄斩首几万，也没有见过大量俘馘的记录。[2]张正明在其《楚文化史》中说："对于被灭之国，楚人的惯例是迁其公室，存其宗庙，县其疆土，抚其臣民，用其贤能。即使对于蛮夷，也是相当宽厚的。"[3]楚国开放包容的政策得到各民族拥护，使各地臣民强烈的本土意识和民族意识，逐渐转化为国家认同乃至爱国精神，是楚国由小到大迅猛发展、由弱到强、文化鼎盛的重要内因，也是"自诩楚人"的自豪感千年不灭、灵动浪漫的楚风得以代代相传的内因。汉以后，儒家思想占据中国文化的主导地位，其价值观念和审美趣味渗透进各地古民居的建造之中，把"中庸""中和"作为至高无上的美学境界。就像陶渊明在《桃花源记》中描述的"土地平旷，屋舍俨然，有良田美池桑竹之属"。鄂东南古民居也不例外，把整体均衡与对称，作为理想的居住环境准则。以等级为中心的礼制概念，也鲜明地体现在鄂东南古民居中，把家族最重要的议事厅堂和祭祖的祠堂布置在中轴线，次要建筑则对称排列于中轴两侧，其余房间按辈分依次排列。两侧房间的分配则继承了楚人"尊东"的传统，用以体现"长幼有序"。另外，大型宗祠两侧的"仪门"，大型民居两侧的"角门"或侧门，都不能超出正门的规格，甚至连房屋开间与高度、山墙样式、装饰繁简都有明显差别。由于鄂东南现存古民居多为清末民初建造，有些做法还具有中西合璧的特征。

---

[1] 图片来自《万里茶道（中国段）申遗文本》，湖北省博物馆主编。

[2] 黄瑞云．楚国论[J]．湖北师范学院学报，2002（2）：277-290．

[3] 张正明．楚文化史[M]．上海：上海人民出版社，1987．

5．聚居风俗

鄂东南地区村落聚族而居的形态，是宋以后，特别是明清以来外来移民不断迁入定居、繁衍的结果。由于蒙元入侵和元末农民起义，两湖几成荒芜之地。明洪武年间，朱元璋在稳定政局之后，发起"江西填湖广"的运动，大量江西人迁入湖北，尤以鄂东南最多。这种由政府组织的家族化强制迁徙，对村落建筑的集聚与扩散方式具有直接的影响，在一定区域内，形成了一村一姓、一村数姓、团状聚居、分散聚居的复杂组合。这种以家族式聚居为主的模式，为宗族的组织管理提供了有利条件。以宗祠—支祠—家祠为层级的祠堂布局，与宗族聚落—自然村落或建筑组团—家庭建筑的布局层次相契合。与宗祠、支祠相对应的室内厅堂与室外公共空间，成为组织族人祭祀、娱乐、教育、生产等社会活动的核心。地缘空间与血缘空间相重叠，建筑功能与宗族管理相结合，共同维系着鄂东南地区古代乡村的生产生活秩序。在同一宗族的聚落中，大宗小宗竞建祠堂，雕梁画栋，争夸壮丽，使祠堂建筑成为鄂东南最为考究的传统建筑。这里的古祠堂均采用轴线对称布局，小型支祠一般为单层建筑，设一重天井，两进空间。考究的宗祠多为两层建筑，内设两重或三重天井，三进或四进空间；入口设大门和仪门，有前厅、明堂、享堂和祖堂。第一重天井院尺度宽敞，有的更采用内庭院或内花园，在其中建有戏台，显示出鄂东南社会文化生活的丰富性。鄂东南的主要方言是南方语系之一的赣语，使"大冶通山片"成为赣语的九大方言片区之一。以大冶为中心的几个县市，号称"一村一方言"。由迁居形成的复杂方言体系，还流行于湖南的临湘、岳阳、华容等地，甚至在鄂东、鄂北、江汉平原的大部分地区，都有将外婆称作"家（gā）婆"，将方向词"去"念作"qì"等。相对于建筑风格，语言是比较容易改变的。但在相对闭塞的封建社会，这里的方言在数百年中没有根本变化，也从另一个角度为传统建筑语言的相对稳定性提供了有力的旁证。

6．审美倾向

湖北古民居的美学风格主要来自三个方面，一是"唯我独中"的地理位置带来的融合性艺术特征，二是来自楚地文化传统的浪漫主义艺术特征，三是来自儒家文化传统的中正亲和的艺术特征。中华大一统的文化理想，推行于秦代，完善于汉代，并形成了继先秦理性精神之后中国古代又一伟大的艺术传统。在《美的历程》中，李泽厚将这一传统定义为"楚汉浪漫主义"。并指出，楚汉浪漫主义"源于中国远古的南方，代表人物是屈原和庄子。当中国北方逐渐受儒道思想熏染而脱离原始文化时，南方仍然保留了大量的巫术文化传统，它们经由屈原的美学拓展与庄子的哲学升华逐渐步入成熟，孕育出楚地特有的浪漫主义文化"[1]。源于楚地的汉朝，在浪漫的楚文化中加入现实主义内容，在文学、绘画、雕塑、器物、建筑等各个方面组合出一座神奇、完美的艺术高峰，成为历史长河中一直被人们崇尚、发扬的楚汉风韵。我们在调研中发现，鄂东南古民居不仅具有湖北古民居"融会南北、灵动浪漫、中正亲和"的共同特征，由于地处"吴头楚尾"的特殊位置，还使鄂东南古民居在后来的发展中，不断吸收吴越文化的精华，村落布局更偏好依山就势，建筑造型更偏好自由组合，建筑装饰更偏好诡谲浪漫，总体风格更偏于温婉秀丽。

[1] 李泽厚. 美的历程[M]. 北京：文物出版社，1981.

二、鄂东南古民居的特色

本书在广泛田野调查和查阅文献的基础上，列举典型案例，通过分析归纳，展现鄂东南古民居在村镇布局、平面空间、建筑造型、建筑结构、细部构造、建筑装饰等各个方面的特色，便于读者参考借鉴。

（一）村镇布局的特色

1．同宗聚集的布局

数百年来，外省流向鄂东南的移民都是以家族为主，尤其是明代的“江西填湖广”运动，更是由朝廷组织的以家族为单元的整体迁移。这些家族的迁移，使鄂东南的古村落形成以宗族为核心的聚落结构。其规模小到十余户，多到二三百户，呈现一村一姓、一村数姓、团状聚居、分散聚居的复杂组合模式。这种模式，为宗族化的社会生活和生产组织管理提供了有利条件。阳新县浮屠镇玉堍村是其中典型的案例。它的布局结合自然地形，以宗祠—支祠—家祠为中心，表现为宗族聚落—自然村落—建筑组团的布局层次，与宗祠、支祠相对应的室内厅堂与室外场地，成为族人组织祭祀、娱乐、教育、生产等社会活动的核心场所（图3.2.1.1）。其他案例虽然没有这么典型的分层结构，仍然存在同宗聚集的内在肌理。

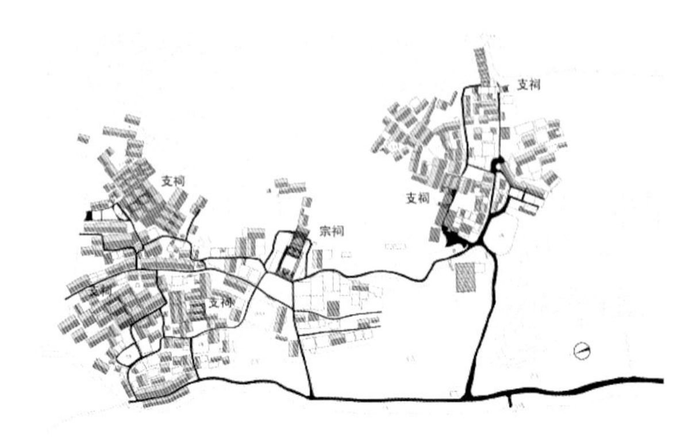

图3.2.1.1 阳新县浮屠镇玉堍村

2．结合生产生活布局

鄂东南古村镇的布局，与当地生产生活需求结合紧密。如通城县龙港镇的红军街就产生于服务数省边贸的商业需求（图3.2.1.2）。大冶市金湖街姜桥村则是结合水陆交通需求，在近千米的港堤河上架桥发展起来的商贸小镇，号称“湖北的周庄”（图3.2.1.3）。咸安区桂花镇刘家桥村，地处咸宁至通山的要道，四面环山，一水穿村，形成了跨桥休闲的特殊格局（图3.2.1.4）。赤壁市赵李桥镇羊楼洞村，地处明末清初万里茶道的核心节点，结合茶叶种植、加工、贸易、服务，发展成为名动中外的茶叶重镇（图3.2.1.5）。在鄂东南，很少有北方那样笔直的街道，如羊楼洞村弯曲的街道，其实是与后街弯曲的河流、码头、茶肆自然结合的产物。很多村落采用靠山面田的布局，清泉绕过村落进入水田，既卫生环保，又方便生产生活。通山县洪港镇江源村是其中的典型案例（图3.2.1.6）。

3．结合自然环境布局

屈原对楚地建筑有“层台累榭，临高山些”“筑屋兮水中，葺之兮荷盖”的描述，楚地亲近

图3.2.1.2 通城县龙港镇

图3.2.1.3 大冶市金湖街姜桥村

图3.2.1.4 咸安区桂花镇刘家桥村

图3.2.1.5 赤壁市赵李桥镇羊楼洞村

图3.2.1.6 通山县洪港镇江源村

图3.2.1.7 大冶市金湖街上冯村

图3.2.1.8 大冶市金湖街上冯村鸟瞰

图3.2.1.9 通山县通羊镇湄港村

图3.2.1.10 通城县白霓镇回头岭村

图3.2.1.11 通山县闯王镇古村落一

图3.2.1.12 通山县闯王镇古村落二

图3.2.1.13 通山县闯王镇宝石村

图3.2.1.14 通山县南林镇石门村

自然的建筑传统，也传承到鄂东南古村落的布局中。鄂东南既有大量的低山丘陵，也有连绵的水网，多元化的地理形态衍生出结合不同地理条件的丰富的布局形式。和湖北其他区域不同，鄂东南古民居不喜欢建在山上，而喜欢建在山根临水的地方，得山之靠，得水之利，得河之通。大冶市金湖街上冯村，如隐匿在幕阜山百里余脉之间的一串串明珠，楚楚动人（图3.2.1.7、图3.2.1.8）。通山县通羊镇湄港村，背靠逶迤青山，面临广袤湖面，如临仙境（图3.2.1.9）。通城县白霓镇回头岭村，是结合山间台地尺度建设的带状村落，四周高林环护，布局张弛有度，空间开合自然（图3.2.1.10）。通山县闯王镇的古村落，在山脚到山坡间采用平行等高线的紧凑布局，最大限度地保护了山水环境（图3.2.1.11）。闯王镇的另一个古村落，沿山岭一侧斜切等高线布局，与梯田之间留出一条蜿蜒的村道，也最大限度地保护了自然资源（图3.2.1.12）。通山县闯王镇宝石村，沿宝石河两岸布局，用一座拱桥和一座灞桥形成交通环线，紧凑得体（图3.2.1.13）。通山县南林镇石门村，为明清湘、鄂、赣三省的边贸重镇，号称南方丝路茶马古道上一颗璀璨的明珠。它建于山水间的一块平地中，布局的巧妙之处是在环形河流的外侧建设过境道路，保留了村落空间的完整性和亲水性（图3.2.1.14）。

4．再造风水格局

在许多开敞的地形中，没有明显的“靠山”与“水口”作为风水的依托。于是，村民利用种植风水林、开挖汇水池、保留较大空地作为室外“明堂”，改善了村落的风水格局和生活条件。如大冶市大箕铺镇柯大兴村，在山脚下种植风水林，在村落中心开挖大型人工汇水池作为水口，形成“村依林，林靠山，房围水，堂对场”，虚实相生，“天人合一”的环境格局（图3.2.1.15）。阳新县三溪镇木林村枫杨庄的周边全无依靠，村落采用坐北朝南的布局，在东、西、北三面种植风水林带，遮挡东、西、北面的寒风和西晒，引入南面的生气，中心留出宽绰的场地为“明堂”，面对人造的“水口”，空间格局完整，局域气候得到明显改善（图3.2.1.16）。大冶市金湖街焦和村，三个大型人工汇水池分散布局，改善了拥挤的村落格局，优化了通风采光和景观条件（图3.2.1.17）。大冶市大簸箕镇水南湾，也采用了“村依林，林靠山，房围水，堂对场”的布局（图3.2.1.18）。可惜当年许多生态的汇水池岸线后来被硬化，亲水性大受影响。

5．严整与自然结合的布局

受儒家“中正”“中庸”“中和”思想的影响，鄂东南村落把均衡与对称作为理想的居住环境准则。在村落布局中，常能看到严谨的轴线、对称的建筑，又能看到适应天然地形的自然延展。通山县大路乡吴田村“大夫第”是建于广袤沃野上的官宅，完全采用规整的布局，以宗祠为中轴，三个门道，十一开间，四重天井院，院内是主人生活区；建筑东侧是花园和菜地；在主体建筑东北侧和西北侧，贴建辅助用房和下人用房。这种完全对称的构图，在鄂东南的案例是不多的（图3.2.1.19、图3.2.1.20）。阳新县排市镇下容村的中心建筑李家大屋，总体追求严整，局部则结合地形向山坡自然拓展，三重院落，四进空间均处在不同的标高，依台地逐级而上，村内其他建筑则基本采用自由布局（图3.2.1.21）。通山县九宫山镇中港村的布局，是严整与自然结合的典型案例（图3.2.1.22）。通山县洪港镇江源村、大冶市大箕铺镇柯大兴村，虽然也是严整与自然结合的布局，但自由度更大，甚至占据了主导地位（图3.2.1.23、图3.2.1.24）。

图3.2.1.15 大冶市大箕铺镇柯大兴村

图3.2.1.16 阳新县三溪镇木林村枫杨庄

图3.2.1.17 大冶市金湖街焦和村

图3.2.1.18 大冶市大箕铺镇水南湾

图3.2.1.19 通山县大路乡吴田村“大夫第”

图3.2.1.20“大夫第”后侧鸟瞰

图3.2.1.21 阳新县排市镇下容村

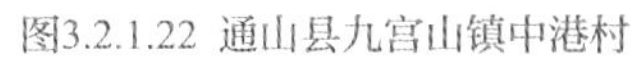

图3.2.1.22 通山县九宫山镇中港村

图3.2.1.23 通山县洪港镇江源村

图3.2.1.24 大冶市大箕铺镇柯大兴村

从上述案例，可以看到自然地理气候、传统社会结构、优秀文化理念对鄂东南村镇布局的影响，看到不占良田好地、保护自然资源、因地制宜、依山傍水的优良建筑传统，看到当地先民再造风水格局、营造理想家园的智慧。启迪我们在今天的规划建设中，践行“绿水青山就是金山银山”的发展理念，尊重自然、顺应自然、保护自然，实现建筑、人与自然和谐共生、协调发展，实现生态文明对传统工业文明的超越，使美丽的鄂东南迈入可持续发展的康庄大道。

（二）鄂东南古民居平面的特色

1. 一般古民居平面的特色：简朴灵活

鄂东南简单的古民居，平面的基础类型为一字形，当用地和经济条件容许时，就会在一字形平面的基础上，出现L形、T形、H形、[形、附加式等多种变体。一字形，指房屋平面呈简单条状，最小的一字形房屋只有两开间，也有将多个两开间连在一起的“兄弟屋”（图3.2.2.1）；最常见的一字形房屋为三开间，中间为堂屋，两侧为居室，又称“一明两暗”（图3.2.2.2、图3.2.2.3）；两侧各有两间正房的叫“五连间”，也有“七连间”甚至“九连间”的；一字形建筑的立面，有墙门、槽门、外廊，有向一侧或两侧延伸等变化。在一字形建筑一侧加建房屋或披屋，就形成了L 形、T形平面，可满足厨房、杂屋、储藏等辅助功能需求（图3.2.2.4、图3.2.2.5）。在一字形建筑两侧对称加建房屋，就形成了H形和 [形平面（图3.2.2.6、图3.2.2.7），这种平面在门前组成的三合院，又称“一正两厢”，可以放农具、晒谷子、做杂务、休闲待客，非常实用。上述古民居的平面形式虽然简单，但较为节省，因而成为普通百姓广为使用的安居之所。它们虽然用料粗简，但也有很多古民居施工质量不错，屋面又有较大的挑檐遮护，有些土坯房不仅冬暖夏凉，而且历经百年仍然非常稳固。

图3.2.2.1 大冶市天龙庵旁兄弟屋

图3.2.2.2 大冶市金湖街上冯村一

图3.2.2.3 大冶市金湖街上冯村二

图3.2.2.4 崇阳县白霓镇油市村

图3.2.2.5 大冶市闯王镇宝石村

图3.2.2.6 大冶市赵李桥镇羊楼洞村

图3.2.2.7 大冶市金湖街上冯村

2. 天井院住宅平面的特色：安全舒适

天井院是鄂东南古民居最具特色的平面形式，外面采用高墙小窗，内部采用天井采光通风，可以缓解夏热冬冷时节极端气候的侵袭。在坚固的大门内还设有屏门和房门，具有较好的防盗功能和私密性，加强了安居的感受。三开间一进天井院，是天井院建筑最简单、最基础的类型。其他类型，有的通过增加宽度与开间扩充使用功能；有的将两组或多组天井院前后重叠贯通，形成纵深较大的一路天井院建筑；特大型天井院建筑的平面构成，本质是多路天井院的横向组合，但先民并没有停留于简单地叠加，而是通过各种巧妙的局部变化，满足家庭需要的使用功能，丰富空间层次。建筑平面布局达到了“随心所欲不逾矩”的境界。

即使是鄂东南最简单的一进天井院，也构成了完整的口字形平面格局，提升了住宅的生活品质。阳新县东山镇卢家老宅，是最简洁的三开间一进天井院，两侧厢房预留的通廊为后来的加建提供了可能（图3.2.2.8）。崇阳县港口乡黄泥塘村老屋，为五开间一进天井，因开间较大，在天井前后加设立柱和南北厢廊，加强了结构的整体性和卧室的私密性，并为今后的扩建提供了便利性（图3.2.2.9）。通山县通羊镇湄港村大屋沈，为五开间一进天井院，南北厢廊，设井口立柱加宽北厢廊，布置上阁楼的木梯，在东西两侧布置盥洗、厨务空间，形成交通环线，平面布局简洁而富有变化，主次分明，尺度合宜，构思巧妙（图3.2.2.10）。

鄂东南中等规模的天井院建筑，多采用两进天井院。崇阳县天城镇下津村金家大屋，为五开间两进天井院，但立面和天井院却都采用三开间布局，通过加设柱廊增加天井院宽度，并用屏门划分内外功能区，空间变化丰富，房间尺度变化合宜，平面构成主次分明，内外有别。大门入口向东

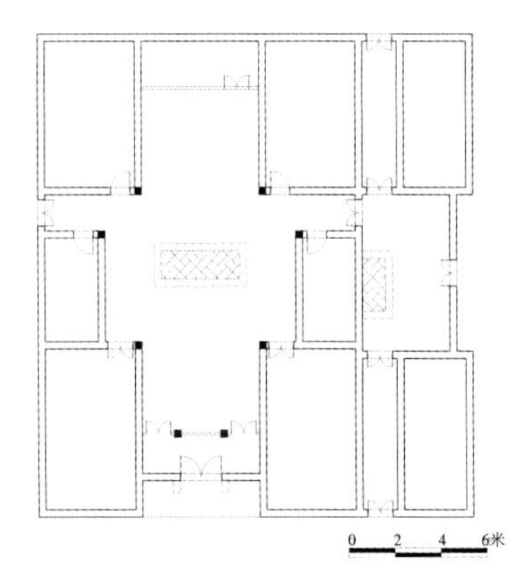

图3.2.2.8 阳新县东山镇卢家老宅

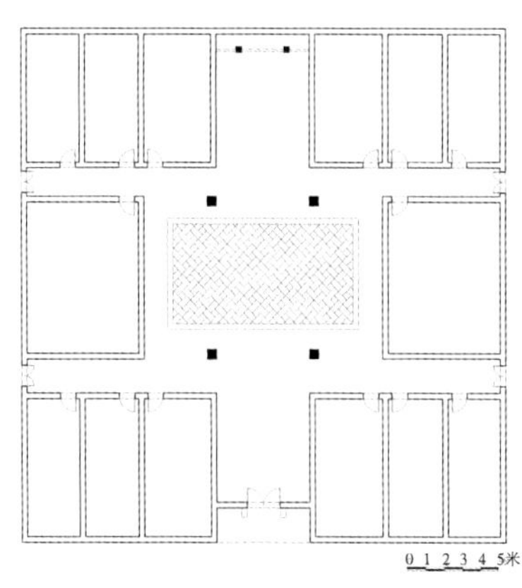

图3.2.2.9 崇阳县港口乡黄泥塘村老屋

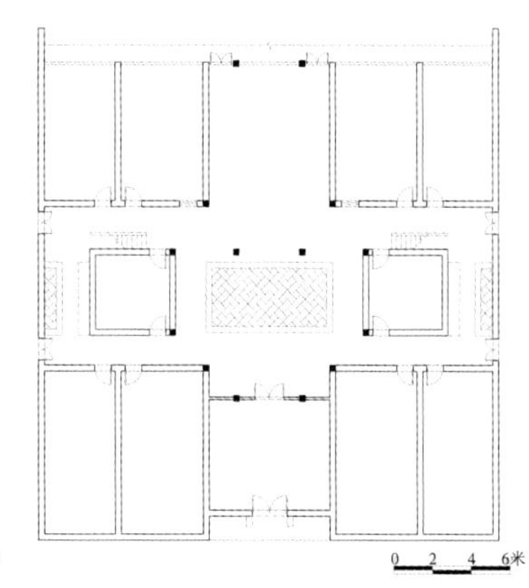

图3.2.2.10 通山县通羊镇湄港村大屋沈

偏转，正对前面的山凹，前景舒展，气息通畅，也是天井院布局难得的佳例（图3.2.2.11）。通山闯王镇宝石村舒家老宅，为三开间两进天井院，因后面厅堂进深过大，在外墙内加天井廊，形成贯通全宅的风道，并改善了采光条件。这种极窄的天井，短边宽度有时不到1米，又称“虎眼”天井，常常紧贴建筑侧墙或后墙设置（图3.2.2.12）。宝石村另一老宅，为三开间两进天井。它的平面很独特，主入口门内为下凹的天井，在门内一侧和客厅一侧分别设有两块高出的“埠”，在天井中形成了H形排水沟，这种布局可能与低洼的地势和地下排水道相关。在连绵的雨季，H形排水沟成为一条流动的小溪，颇有意趣（图3.2.2.13）。阳新县浮屠镇玉堍村光禄大夫宅，为五开间两重天井。第一进天井被入口过厅上方的连檐分成了左右两个井口，第二进是位于后堂前区与两侧卧室之间的三个天井。这组建筑全部采用窄小的“虎眼”天井，布局巧妙，层次丰富。后面四个卧室隔墙开有若干门洞，可以根据使用情况灵活调整功能布置，也是非常巧妙的设计（图3.2.2.14）。咸宁市崇阳县金塘镇林家老宅，曾为崇通县抗日民主政府旧址，为七开间两进天井，是天井院建筑中规模较大、布局简洁均衡的平面类型（图3.2.2.15）。崇阳县金塘镇林周家坪老宅，是两重天井院建筑中规模最大的，为两重天井院和四座天井屋的组合。房屋面宽达11间，正面只有一个入口，由中轴通道和三条水平巷道组成丰字形交通结构。又在第一重侧天井周边，用开敞空间组织小型房间。实际是用三条水平巷道，连通了七进室内空间和多种尺度的用房，并都有自然通风、采光条件，使我们不得不佩服先民的建筑智慧（图3.2.2.16）。

鄂东南大型古民居平面布局的特点，一是多路天井院建筑横向组合，彼此以横廊相连，形成了纵横贯通、虚实相间的棋盘式格局；二是在中路设置家祠，形成“祠宅合一”的布局，体现出强烈的家族观念。通山县洪港镇江源村王南丰老宅，就是一路三开间四进天井院，与一路五开间三进

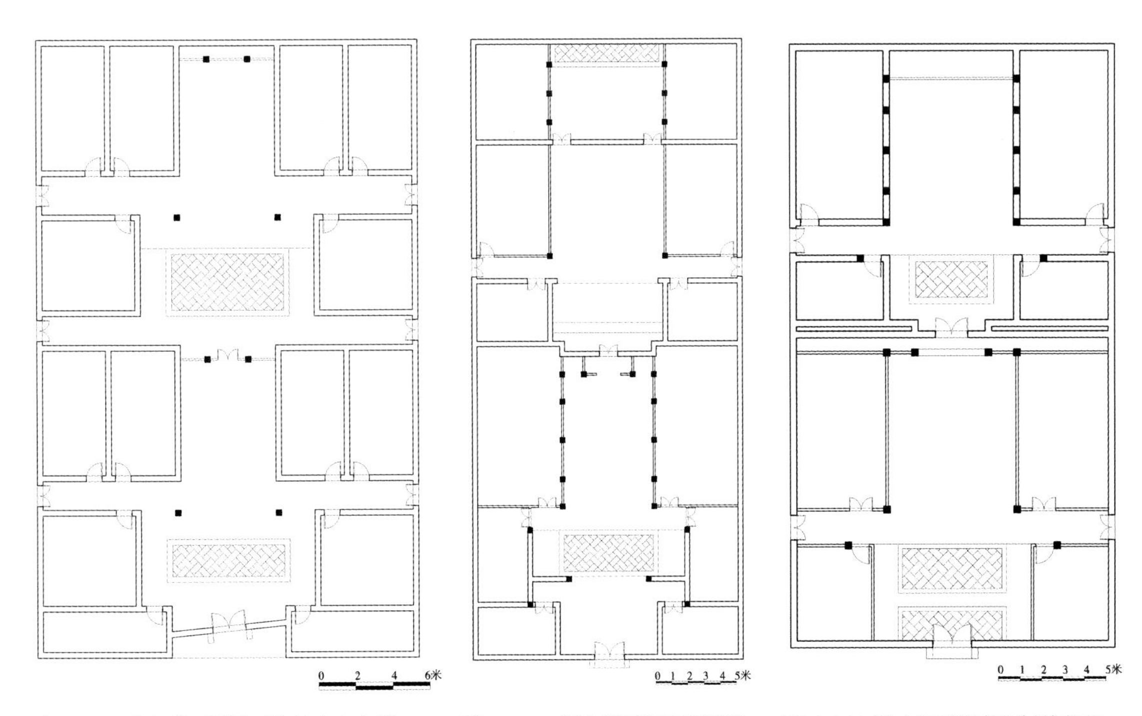

图3.2.2.11 崇阳县天城镇下津村金家大屋　　图3.2.2.12 通山闯王镇宝石村舒家老宅　　图3.2.2.13 通山闯王镇宝石村某老宅

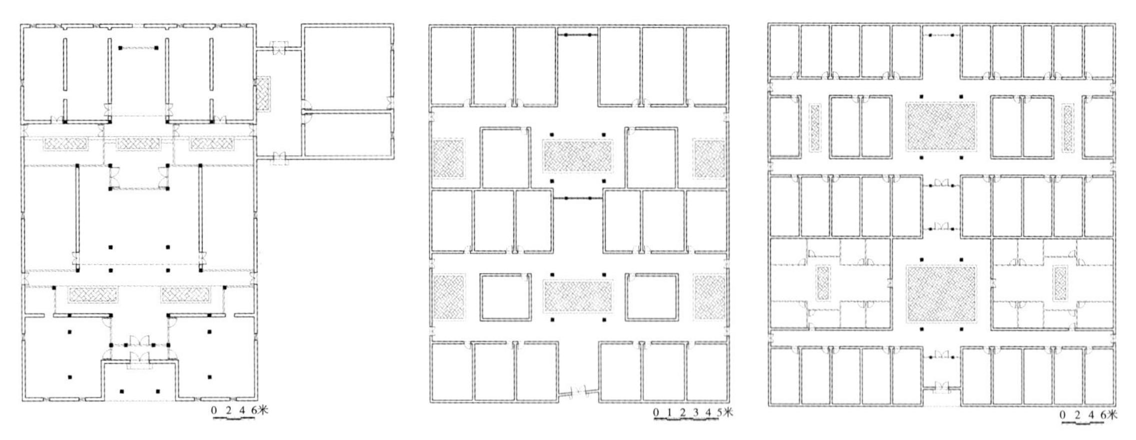

图3.2.2.14 阳新县浮屠镇玉堍村光禄大夫宅 图3.2.2.15 崇阳县金塘镇林家老宅 图3.2.2.16 崇阳县金塘镇林周家坪老宅

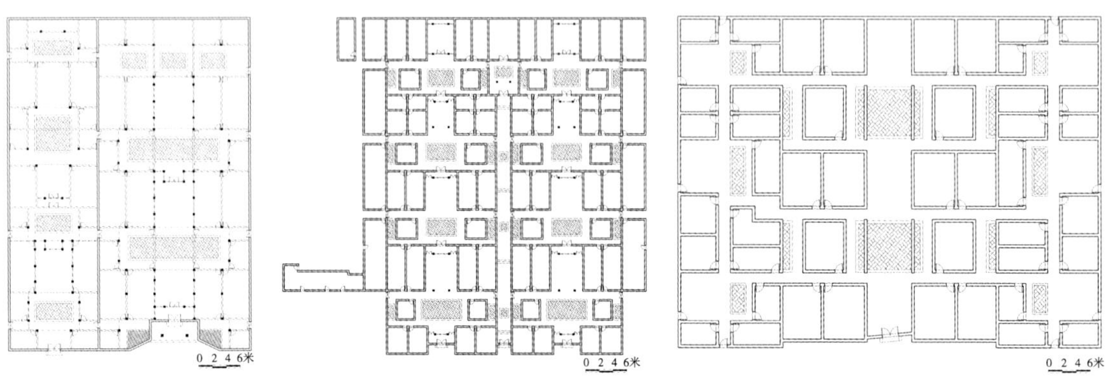

图3.2.2.17 通山县洪港镇江源村王氏老宅 图3.2.2.18 通山县大路乡吴田村王明璠府第 图3.2.2.19 通山县通羊镇岭下村熊家大屋

天井院组合而成的兄弟居。在天井院一侧与厢廊之间的隔墙设门，实现横向连通。虽然两路建筑天井院空间进深差别很大，但两边的衔接非常协调。两路建筑的入口，左路采用简单墙门，右路采用八字墙灰空间和柱廊槽门，前者突出谦和实用，后者突出家族气派（图3.2.2.17）。通山县大路乡吴田村王明璠府第，是“祠宅合一”古民居的典型案例。其左右对称的两路五开间四进天井院，是王明璠与其兄的住所。中路祠堂开间较小，屋面设“虎眼”天井，底层为宽敞的甬道，阁楼为家族仓库，尽端为拓宽的天井院和供奉祖宗牌位的家祠，建筑两边的辅助用房靠后贴建，不影响正立面的完整性（图3.2.2.18）。通山县通羊镇岭下村熊家大屋，是“祠宅合一”古民居的另一案例。建筑由五路天井院建筑组合而成，平面布局严格对称。中路为两进天井院，设前厅、堂屋，尽端为家祠；边路为三进天井；夹在二者之间的两路建筑，另设有两个条形天井。中部横向厢廊的转折变化，与厢廊尽端开敞空间相结合，形成跌宕多姿的空间层次，是鄂东南天井院建筑中，空间结构最自由灵动的案例。主入口大门向东偏转，避开了与正面山尖的冲突（图3.2.2.19）。

强调中心是鄂东南古民居平面布局共有的特色。即使是最简单的“一正两厢”民居，也会在中间设堂屋，承担起居、会客、议事、祭祖功能，成为住宅的精神中心。最简单的两开间住宅会留出一间堂屋布置中堂。讲究的大宅会在中轴线设气派的门厅、客厅与堂屋。庞大的住宅，还会在中路尽端增设享堂和祖祠，配合楹联、装修，强调忠孝节义的核心理念。

3．祠堂建筑平面的特点：显耀气派

在鄂东南，祠堂是家族荣誉的象征、文化传承的讲堂、讨论族务的场所、重要庆典的舞台。所以，鄂东南古民居中的祠堂，要占据最好的风水宝地，要预留宽裕的室外场地，要采用高大的建筑格局，要运用豪华的建筑装饰。简而言之，祠堂是鄂东南村镇的标志性建筑。

独立型祠堂，多为宗族的主祠，一般建在村镇最显眼的位置，入口宽敞，门面显赫，匾额鲜明，规模庞大，层次丰富。阳新县王英镇大田村伍氏宗祠，占地达2700平方米，为规模庞大的建筑群。宗祠前面的附属建筑由牌楼门、门厅、内院、戏台和围绕场院的两层通廊组成。主祠采用三进天井院组织起面阔七间的享堂和最后一进院落的祖堂。前面享堂两侧，各有三个条形天井，分隔休憩内廊和客房。后院享堂环以双层连廊，中间以抱亭和香炉为构图重点（图3.2.2.20）。阳新县白沙镇梁公铺村梁氏宗祠，规模宏大，面阔达13间。由中间八字墙外廊式主入口进入开阔的第一进天井院，院内设有戏台，由三面双层回廊构成抱厅的空间格局；通过层次丰富的享堂进入二进天井院，尽端为祖堂；享堂两侧围绕侧天井布置客房，祖堂两侧分设乡贤祠、先贤祠和辅助用房。第一进天井回廊两侧，分别建有支祠议事厅和酒厅。由两侧的仪门可以直接进入议事厅和酒厅，穿过酒厅是服务廊道、辅助用房和后勤出入口，上面有用于通风采光的横向“虎眼”天井。祠堂平面功能丰富、主次分明、井然有序又跌宕多姿，是当前现存古祠中杰出的案例（图3.2.2.21）。

混合型祠堂，多为宗族的支祠，规模通常小于独立式祠堂，有时会与家族的书院、戏台、学堂等公共建筑及望族宅第整体兴建。如通山许氏宗祠，主入口采用八字墙槽门，门前面对一方水池，在第二进天井内设置祖堂，两侧为许氏家族的学堂。紧贴祠堂的东西两侧，建造独立的两层砖木结构民宅，属于典型的混合型祠堂布局。

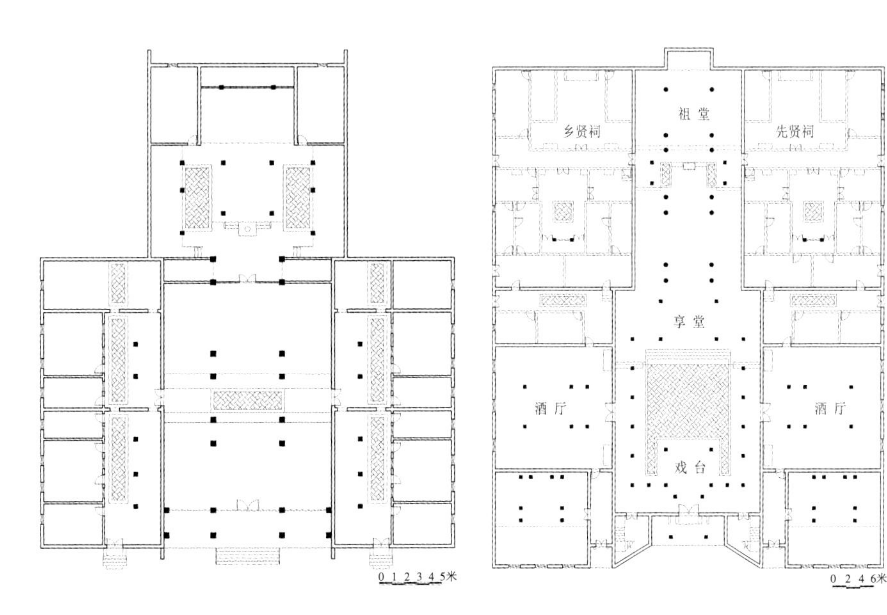

图3.2.2.20 阳新县王英镇大田村伍氏宗祠　　图3.2.2.21 阳新县白沙镇梁公铺村梁氏宗祠

4．店铺建筑平面的特点：商宅合一

鄂东南地区较大规模的店铺，一般出现在人口密集、商业发达的中心镇区，在村落中并不多见。这里的店铺均兼顾经营与居住功能，“商宅合一”的平面格局是其最大的特点。其基本格局有前店后宅、前店后坊、下店上宅、下坊上宅、前店中院后宅等形式。临街而建的店铺，由于用地宝贵，最小的商户面阔仅为一到两开间，有时会采用共墙连檐的做法。较大的商铺，一般会达到三到五开间，均为独立建造，外墙之间仅留有构造间隙或极窄的巷道。赤壁市赵李桥镇羊楼洞村是著名的“砖茶之乡”，也是规模庞大、商贸频繁的古镇，这里几乎囊括了所有商铺的平面形式。羊楼洞村的熊宅，进深很大，格局也比一般店铺复杂。内设三进天井院，在天井院之间设门分隔三个功能区。一进天井院为药铺与药房；二进天井院设过厅、堂屋、库房和员工卧室，由侧门分隔厨房和上二楼主人生活区的楼梯间；第三进天井院为作坊、药材库和厕所，是店铺最“机要”的空间。三进天井院均建有二层阁楼，在第一进、第二进天井院顶部设有天斗，在楼梯间顶部设有亮斗，改善了经营区与生活区防风遮雨的功能（图3.2.2.22）。地处鄂赣边境的阳新县龙港镇红军街，也是一条各种店铺云集的老街。赤壁市新店镇老街，明代便成了湘、鄂、赣三省的物资集散地，并且是羊楼洞砖茶主要的水运码头之一。赤壁市新店镇民主街61号古宅，是“前店中院后宅”式店铺布局的典型案例，由中部宽敞的庭院，衔接前面的店铺、员工生活区，和后面的主人生活区。平面简单实用，生活气息浓厚（图3.2.2.23）。阳新县龙港镇老街55号老宅，为四进天井院布局，第一进临街店铺面宽窄、进深大，采用条形天井采光通风，在墙角设木楼梯上二楼；以第二进天井院为转折，过墙门进入宽敞的三开间二进天井院生活区（图3.2.2.24）。

上述店铺均为鄂东南比较有特色的案例，其他简单的案例不在此赘述。这些案例，有的非常规整，有的变化曲折，都是在用地宝贵的商业地段见缝插针的结果，体现出房屋主人因地制宜满足使

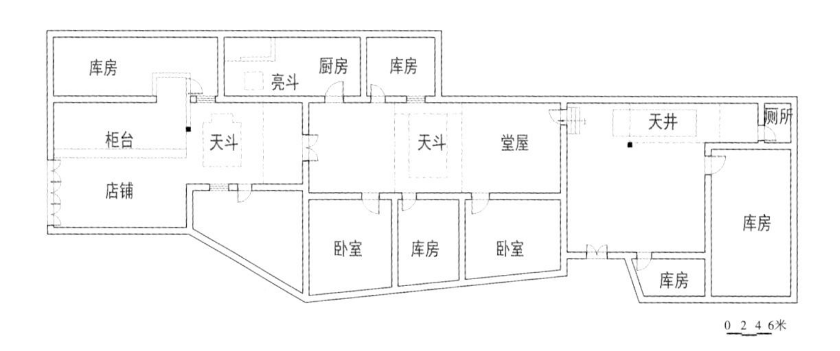

图3.2.2.22 赤壁市赵李桥镇羊楼洞村熊宅

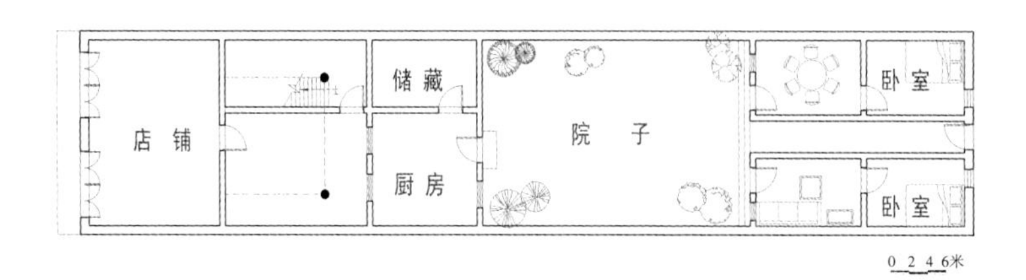

图3.2.2.23 赤壁市新店镇民主街61号

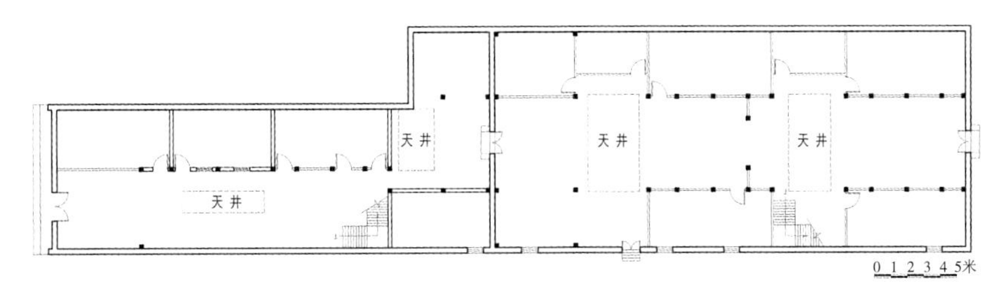

图3.2.2.24 阳新县龙港镇老街55号

用需求的建筑智慧。这些进深较大的店铺都在适当的部位隔墙设门，对商贸、工坊、生活空间进行合理分隔，构成了功能清晰、内外有别的平面格局。

（三）鄂东南古民居空间的特色

研究空间特色离不开平面布局，如外部空间研究离不开村镇的总平面布局，内部空间研究则离不开建筑平面布局。在前面的村镇布局研究中，我们谈到鄂东南较开阔的场地一般位于村镇中心，并与祖祠相结合；村镇的开放空间则常常面对较大的人工汇水池、古井、古木或自然水岸。鄂东南古民居的外部围护面，为应对冬冷夏热的气候，防备盗匪隐患，多采用高墙小窗，体现出较强的封闭性和可防卫性，连高墙之间狭窄的巷道，也基本出于单一的交通需求而不是其他的生活功能。在上一节“鄂东南古民居平面的特色”中，我们从建筑平面出发，对鄂东南古民居空间进行了分析与研究，偏于功能和理性；本节的研究重点将放在对空间的感性分析。可以说，鄂东南古民居空间的感性特色主要体现在天井院空间的格局与层次之中，其丰富性则主要体现在空间尺度、形态、界面、标高、廊道的组合变化之中。

1. 适宜的空间尺度

我国古民居的院落尺度，具有与地域气候相适应、从南到北逐渐放大的规律。如广东省新兴县太平镇悦塘村古民居，为抵御湿热气候，获得阴凉的居住环境，将屋面间隙做得非常小（图3.2.3.1）。湖南资兴市流华湾的古民居，当地称为“窨子屋”，天井开口极小，内部空间狭窄，仅有通风采光功能而没有“院”的生活功能，不能称之为天井院，只能称之为“天井屋”（图3.2.3.2）。鄂东南古民居空间的主角是“天井院”，最重要的天井院常放在主轴线的第一进空间，天井尺度一般不小于6米，大的达10米以上（图3.2.3.3）；层高普遍大于现在的民居，井口高度常达8米以上；井口尺度小的也接近3米（图3.2.3.4），大的常达6米以上（图3.2.3.5、图3.2.3.6）；在天井院内，可以开展庆典、宴会、接待、娱乐活动。“天井屋”的手法也被鄂东南广泛采用，但仅用在后院、偏院、通廊等内部生活区，以获得相对稳定的小气候，如阳新县排市镇下容村、浮屠镇玉堍村、通山县大路乡吴田村等案例（图3.2.3.7～图3.2.3.9），类似湖南的“窨子屋”，窄长井口最小的净宽不到1米，方形井口也只有1米左右。考察中发现，这些极小井口下的空间，在天气晴好时亮度相当高，并且能有效地组织建筑内的巷道风，减缓极端气候对内部空间的侵袭；冬季关闭厅堂之间的隔扇，能减缓室内空气流动，提高起居环境的舒适度。另外，在鄂东南也出现了类似北方四合院尺度的内部庭院（图3.2.3.10）和更为宽敞的院落（图3.2.3.11）。以上案例足以证明，我国古民居

图3.2.3.1 广东新兴县悦塘村古民居

图3.2.3.2 湖南的“窨子屋”

图3.2.3.3 阳新县白沙镇梁氏宗祠天井院

图3.2.3.4 大冶市金湖街上冯村

图3.2.3.5 大冶市金湖街门楼村古民居

图3.2.3.6 崇阳县白霓镇回头岭村古民居

图3.2.3.7 后院天井

图3.2.3.8 偏院天井

图3.2.3.9 廊道天井

图3.2.3.10 大冶市水南湾九如堂

图3.2.3.11 赤壁市赵李桥镇雷家大院

图3.2.3.12 赵李桥镇雷家大屋客厅

的院落尺度存在由南向北的过渡性变化。鄂东南古民居的天井院，结合内外有别的功能和当地气候进行尺度变化，是数千年建筑智慧的结晶。

2．变化的空间形态

鄂东南古民居天井院的形态，结合砖木结构，一般以实用的正方形或长方形为主。中轴线上的天井前院尺度较大，一般采用方正的造型（图3.2.3.12）；中院尺度较小，井口一般为长方形，而通城县龙港镇古民居则采用了长方形切角的造型（图3.2.3.13）；偏院尺度更小，天井院和井口常采用与中轴线平行的长条形（图3.2.3.14）；为实现厅堂之间的防雨功能，常在天井院上方增加连檐，将条形天井一分为二，即“虎眼”天井，如阳新县白沙镇梁公铺梁氏宗祠（图3.2.3.15）和阳新县浮屠镇玉堍村古民居的天井（图3.2.3.16）；通城县塘湖镇荻田村古民居，在偌大的天井院中间建造高大的柱亭，四边加连檐，组成了罕见的“四眼”天井（图3.2.3.17）。大户人家常将天井院井口作为造型重点，如赵李桥镇古民居豪华的室内气氛（图3.2.3.18～图3.2.3.20）；九宫山镇中港村周家大屋则运用简洁的井口吊柱、吊顶、檐轩等，营造出雅致的室内风格（图3.2.3.21）。特殊的井口造型和细节处理，会造成强烈的视觉吸引力，常常让人在规则空间中出现身处异形空间的错觉。

图3.2.3.13 通城县龙港镇古民居

图3.2.3.14 浮屠镇玉堍村

图3.2.3.15 横向“虎眼”天井

图3.2.3.16 纵向“虎眼”天井

图3.2.3.17 四眼天井

图3.2.3.18 矩形井口

图3.2.3.19 方形井口

图3.2.3.20 多边形井口

图3.2.3.21 简雅的井口造型

图3.2.3.22 藻井与吊灯

图3.2.3.23“蝠桂延绵”藻井

图3.2.3.24“五蝠圆满”藻井

3．丰富的空间界面

鄂东南古民居空间的上部界面，除了前面谈到的井口处理，还包括厅堂顶部的造型变化，如赤壁市赵李桥镇雷家大屋的悬空鹤颈轩藻井与立体吊灯设计（图3.2.3.22）；洪港镇江源村古民居的“蝠桂延绵”藻井（图3.2.3.23）；九宫山镇中港村周家大屋的“五蝠圆满”藻井（图3.2.3.24）；白沙镇梁公铺梁氏宗祠的“云龙祥瑞”藻井（图3.2.3.25）；麦氏镇许家湾葛家大屋（图3.2.3.26）、大畈镇白泥村谭氏宗祠的“彻上露明造”（图3.2.3.27），则是直接表现建筑结构美的界面设计。在矩形空间的六个界面中，对空间感影响最显著的是建筑的垂直界面。鄂东南古民居室内的垂直界面以砖墙或木隔墙为主。为打破砖墙的冷漠感，大冶市大箕铺镇水南湾古民居在墙面嵌入各种灰塑仿石雕透窗（图3.2.3.28 ~ 图3.2.3.30）；王英镇大田村伍氏宗祠天井院侧墙，采用圆形预制花窗并绘制角花（图3.2.3.31）；洪港镇江源村古民居采用精致的预制花砖（图3.2.3.32），都使冰冷的砖墙出现富有生气的变化。最简朴的木质界面构造是在梁柱间设木框，安装极薄的木板，叩之有声，号称“鼓皮”，如大冶市金湖街上冯村古民居的做法（图3.2.3.33）；考究的民居，内部完全采用隔扇门窗，如阳新县浮屠镇玉堍村古民居（图3.2.3.34）；在阁楼上方出挑栏杆，既能简化构造，又能增加界面的立体感，是鄂东南古民居常用的做法（图3.2.3.35）。还有砖木有机结合的界面，如阳新县浮屠镇玉堍村李氏宗祠，用门厅立柱、周边门窗烘托门厅两层的高墙（图3.2.3.36）；大冶市大箕铺镇柯大

图3.2.3.25 图画“云龙祥瑞”藻井

图3.2.3.26 彻上露明造一

图3.2.3.27 彻上露明造二

图3.2.3.28 仿石雕透窗丰富界面

图3.2.3.29 六边形透窗

图3.2.3.30 自由格纹透窗

图3.2.3.31 圆形透窗

图3.2.3.32 预制花窗

图3.2.3.33“鼓皮”墙面

图3.2.3.34 花格门窗界面

图3.2.3.35 阁楼出挑栏杆

图3.2.3.36 突出门厅高墙

图3.2.3.37 界面虚实对比

图3.2.3.38 砖木界面穿插

图3.2.3.39 界面虚实均衡

图3.2.3.40 槛墙上面设花窗

兴村古民居，在砖墙之间架设阁楼，是界面虚实对比的案例（图3.2.3.37）；大冶市大箕铺镇水南湾古民居，用砖木构造的穿插，形成灵活的空间界面（图3.2.3.38）；赤壁市赵李桥镇羊楼洞村古民居天井院界面，是材料及其虚实关系取得均衡的案例（图3.2.3.39）；咸安区桂花镇刘家桥村古民居在砖砌槛墙上面设木质花窗，是非常普遍的做法（图3.2.3.40）；羊楼洞村雷家大屋，将室内楼梯转化为立面装饰，堪称巧妙（图3.2.3.41）；通山县大路乡吴田村古民居转角的木板墙面，构图借鉴隔扇门匾的做法，具有官式建筑雅正的风范（图3.2.3.42）。

鄂东南古民居内部界面的虚实变化，主要依托柱廊和屏门。有在门楼内加廊柱的，如通山

图3.2.3.41 用楼梯作装饰

图3.2.3.42 考究的木质屏墙

图3.2.3.43 门楼内设廊柱

图3.2.3.44 门厅加柱设阁楼

图3.2.3.45 过厅内设双柱

图3.2.3.46 厅堂前设檐柱

图3.2.3.47 院子一侧设柱廊

图3.2.3.48 院子两侧设柱廊

图3.2.3.49 天井列柱延伸至厅堂

图3.2.3.50 双层环廊

图3.2.3.51 屏板两侧设隔扇门

图3.2.3.52 屏墙两侧设门洞

县洪港镇江源村古民居（图3.2.3.43）；有在门厅内加柱架阁楼的，如崇阳县白霓镇回头岭村古民居（图3.2.3.44）；有在过厅设双柱的，如大冶市金湖街上冯村古民居（图3.2.3.45）；有在厅堂口部加檐柱的，如通山县大路乡吴田村（图3.2.3.46）；有在院子一侧设柱廊的，如通山县洪港镇江源村（图3.2.3.47）；有在院子两侧设柱廊的，如大冶市金湖街姜桥村古民居（图3.2.3.48）；有天井列柱延伸至厅堂的，如阳新县王英镇大田村古民居（图3.2.3.49）；在天井院设双层环廊，常用于重要的场合，如阳新县白沙镇梁氏宗祠（图3.2.3.50）。天井院与厅堂之间的隔断，有全用木隔扇的，如阳新县浮屠镇玉堍村古民居（图3.2.3.34）；有中间固定屏板两边设隔扇的，如通山县洪港镇江源村（图3.2.3.51）；有中间屏墙两侧设门洞的，如阳新县排市镇下容村阚家塘（图3.2.3.52）；有中间开敞两侧设门洞的，这类门洞案例很多，造型各异，轻灵浪漫，非常具有生活气息，如通山县大路乡吴田村"大夫第"（图3.2.3.53）；最有特色的设计，是在天井院和厅堂的柱间采用可摘卸的活动隔扇，每逢重大庆典，可以全部打开，将宴席从室内一直摆到街面，如通山县南林桥镇长夏畈古民居（图3.2.3.54）。这些不同的界面处理对丰富空间层次、改善功能、提升美学境界，均具有显著效果。大型古民居中轴的尽端均设有祖堂，面对天井院的界面采用半通透的木质隔断和隔扇，风格一致但做法各异。图3.2.3.55为通山县通羊镇湄港村大屋沈祖堂，图3.2.3.56为通山县大畈镇白泥村谭氏宗祠祖堂，方中见圆的立面构图，是蕴含生命起源的符号，半通透的界面使今人能与先祖产生精神交流，避免了封闭界面带来的阴森感，非常得体。

图3.2.3.53 中间通道两侧屏门

图3.2.3.54 可以完全敞开的空间

图3.2.3.55 祖堂立面一

图3.2.3.56 祖堂立面二

4．上升的空间标高

鄂东南多低山丘陵，古民居多建在坡地，内部空间均呈现前低后高的标高变化（图3.2.3.57）。在建筑前设石阶，衔接后面的缓坡台地，是通常的做法，如咸安区马桥镇垅口冯村古民居（图3.2.3.58）；即使是在平地建房，也要将后面的院落厅堂层层抬起，不仅便于雨水排走，更是为了形成“前卑、中壮、后崇”的格局。“前卑”，指将门厅放在最低的标高，表现谦恭待人，处事低调；“中壮”，指在建筑中部营造具有生气的生活空间；“后崇”，指将祖堂放在最高位置，表现敬祖孝先、崇尚家训的理念。当地称这种格局为“步步高”。阳新县排市镇下容村阚家塘古民居，就是在平地建房，用石阶调节室内外高差的案例（图3.2.3.59）；台阶多采用单数，并把三步台阶的做法称为“连升三级”，如大冶市大箕铺镇柯大兴村古民居（图3.2.3.60）；也有在天井侧院设台阶，调节内外高差的案例（图3.2.3.61）。在山陵起伏的鄂东南，人们十分羡慕平原地区民居的便利，大的宅邸都尽量选用平坦用地，有的厅堂只比天井院提高一两步台阶。如白霓镇回头岭村古民居，厅堂只比天井院高出两步（图3.2.3.62）；通山县大路乡吴田村古民居，将室内外高差隐含在门槛的构造中（图3.2.3.63），使天井院周边呈现平整的地台。

图3.2.3.57 上升的标高

图3.2.3.58 设石阶的台地建筑

图3.2.3.59 设石阶的平地建筑

图3.2.3.60“连升三级”室内台阶

图3.2.3.61 在天井侧院调节高差

图3.2.3.62 尽量减少内部高差

图3.2.3.63 利用门槛消化内外高差

图3.2.3.64 天井院整石铺装

图3.2.3.65 镂雕排水口

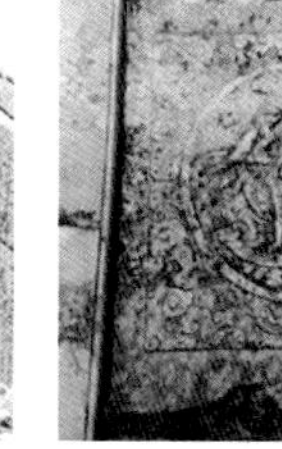

图3.2.3.66 精美地雕

天井院一般采用大块整石铺装，如大冶市金湖街上冯村（图3.2.3.64），沉井侧面均设有考究的石雕排水口，如洪港镇江源村古民居（图3.2.3.65）；考究的宗祠，还会在地面刻上精美的雕饰，如大冶市白沙镇梁氏宗祠（图3.2.3.66）；在天井两边设石栏，不仅美化了环境，更有防止雨水外溅，保持通道和建筑墙裙干燥的功能，如崇阳县白霓镇油市村古民居（图3.2.3.67）；偏院天井用料也不马虎，并顺带解决了不同的标高衔接，如阳新县排市镇下容村古民居（图3.2.3.68）；通山县洪港镇江源村古民居，更结合高差，形成了层层递进的空间层次（图3.2.3.69）。前低后高的空间标高处理，是建筑与地形地貌、生活功能、文化理念的自然体现，是“天人合一”建筑观的鲜活案例。

5．纵横的廊道空间

鄂东南大型古民居，动辄将数栋房屋连成一片，其空间结构，为多路多进天井院的横向组合；其交通的奥秘，则是中轴线纵向交通与天井院两侧横向交通的交织。完整的中轴线交通，要穿越大门、屏门、客厅耳门、中堂屏门、后堂屏门，最后达到祖堂隔栅门；行进方式，则有中间进入、两侧进入、屏后绕入（图3.2.3.70）三种方式；种种隔断类型，在“丰富的空间层次”一节中有详细介绍，不再赘述。通而不畅，是中轴线交通的基本特色，也有从入口槽门到祖堂前后贯通的特例，如通山县大路乡吴田村“大夫第”（图3.2.3.71）。天井院两厢的横廊，其门洞一般都很小（图3.2.3.72），但当我们透过横廊，看到贯通的一重重天井院时，似乎更能感受“庭院深深深几许”的意境（图3.2.3.73）。走过幽暗的廊道，等待我们的可能是一方恬静的院落（图3.2.3.74），也可能是一方青绿的菜地（图3.2.3.75）。这些横廊，有的采用具有亲和力的槛窗花窗（图3.2.3.76），有的采用高耸的砖墙（图3.2.3.77），有的采用砖拱门洞（图3.2.3.78），有的采用石雕门套（图3.2.3.79、图3.2.3.80），各具不同的韵味。村落的古民居之间留有狭窄的巷道，有的在上空增加砖拱，有的在上空增加连檐，具有增加结构强度、提升空间景观品质、为侧门遮风挡雨的作用（图3.2.3.81、

图3.2.3.67 天井石栏

图3.2.3.68 地面高差调节

图3.2.3.69 空间层层递进

图3.2.3.70 从中堂屏风后面绕入

图3.2.3.71 前后贯通

图3.2.3.72 通山县石门村

图3.2.3.73 通山县“大夫第”

图3.2.3.74 刘家桥村一

图3.2.3.75 刘家桥村二

图3.2.3.76 回头岭村花窗

图3.2.3.77 回头岭村高墙

图3.2.3.78 刘家桥村砖拱门洞

图3.2.3.79 排市镇石雕门套

图3.2.3.80 三溪镇石雕门套

图3.2.3.81 门楼村巷道一

图3.2.3.82 门楼村巷道二

图3.2.3.83 阳新县三溪镇木林村

图3.2.3.84 木林村巷道

图3.2.3.85 通山县闯王镇宝石村

图3.2.3.82）。巷道铺装，有的采用块石加碎石（图3.2.3.83），有的采用条石（图3.2.3.84），有的采用卵石（图3.2.3.85），都是就地取材的结果。中轴线上的前后通路和天井院之间的横向厢廊，共同构成棋盘式的交通格局，使无论多大的建筑群落，都可以亲密无间地组织在一起，并保障所有房间的自然采光通风，真是了不起的智慧。

鄂东南古民居的空间，以“实”的隔断与“虚”的天井为基本构成元素，通过门洞、过厅、立柱、隔屏、连檐、通道、厢廊、阁楼、栏杆等“灰空间”元素的介入，催生出空间变化的无限可能性。通过灵活运用不同的尺度、多样的形态、多变的界面、自然的标高、棋盘式结构，最终赋予鄂东南古民居空间以下特色：功能灵活得体、序列开合有致、界面虚实结合、标高自然衔接、交通纵横连贯。鄂东南先民的创造，为今天的荆楚建筑传承创新提供了宝贵的借鉴。但我们还应该看到鄂东南古民居的局限性。因为古民居空间格局主要是内向型的，而古民居的外立面也基本不承担室外活动空间的界面功能；也可以说，鄂东南古民居的外部空间是不够发达的。由于数千年大规模耗用木材，到晚清时期，我国森林的木材储积已近枯竭，以至连北京的皇家建筑也不得不采用拼合立柱，对全部采用高大楠木打造的明长陵只能望洋兴叹。鄂东南古民居也一样，建造时间越晚，木材用量就越少、品相也越低，建于清末民初的民居，其室内外墙体就基本以砖砌为主了。所以，在借鉴优秀传统的基础上，结合当代材料和技术推陈出新，丰富建筑的空间构成，满足开放、交融、互动的社会需求，是当代荆楚建筑设计的重要研究课题。

（四）鄂东南古民居造型的特色

鄂东南古民居造型的特色，主要表现在以下五个方面：

1．高墙与小窗

为了适应夏热冬冷的自然气候，鄂东南古民居的立面造型多采用高墙小窗，以削弱外部极端气候对室内环境的影响。这些两层砖木建筑开窗都不大，底层主要为居住空间，开窗尺度明显大于阁楼，并且造型规整，便于设置窗扇。阁楼层高较低，主要用于储物，立面上只开很小的通风孔洞，其中最小的圆洞直径不到三十厘米。鄂东南古民居的外立面是湖北省古民居中最厚实、最封闭的。这种设计除了气候原因，也与“吴头楚尾”的军事拉锯、“江西填湖广”的大量移民、远离省府的偏远山区等因素造成的安居需求有关。首层窗扇的外面多配置造型各异的石雕花格，或简单坚固的木质花格，都具有较强的防盗功能。其中，咸安区马桥镇垅口冯村、大冶市金湖街上冯村的两个古民居，为鄂东南高墙小窗立面造型的典型案例（图3.2.4.1、图3.2.4.2）。崇阳县青山镇华陂村、通城县塘湖镇荻田村的两个古民居，为鄂东南古民居中阁楼不设通风孔洞、只对天井院通风采光的案例（图3.2.4.3、图3.2.4.4）。鄂州市梁子湖区太和镇的一处古民居，为底层不设外窗的孤例（图3.2.4.5）。到后来，一些大型的古民居被分配给很多住户共同使用，为改善采光，很多墙上美丽的石雕透窗被敲掉，改成了简陋的方窗（图3.2.4.6）。

2．对称与变化

受儒家“中正、中和”理念的影响，鄂东南古民居把对称作为立面构图的基本法则。自汉代董仲舒提出“罢黜百家，独尊儒术”之后，儒学成为影响中国封建社会两千多年的正统思想。儒学四书之一的《中庸》提出：“喜怒哀乐之未发，谓之中；发而皆中节，谓之和。中也者，天下之大本也；和也者，天下之达到也。致中和，天地位焉，万物育焉。”意即中庸为和谐，是宇宙的状态，天性的自然，人一旦拥有这种和谐，就能与天地合为一体，与万物无碍交融，行事自然自在，万

图3.2.4.1 石雕透窗加通风洞口

图3.2.4.2 小方高窗加通风洞口

图3.2.4.3 石雕透窗无通风洞口一

图3.2.4.4 石雕透窗无通风洞口二

图3.2.4.5 底层无窗，阁楼高窗

图3.2.4.6 通山县通羊镇湄港村大屋沈

图3.2.4.7 三门道对称立面

图3.2.4.8 面宽最大的对称立面

物欣欣向荣，社会持续发展。用中正、中和的方式做人、做事、做建筑，才能达到至善至美的境界。陶渊明在《桃花源记》中赞颂“房舍俨然”，说明至少在东晋，对称严整的房舍已经成为普遍的社会理想。对称式构图不仅普遍运用于鄂东南一般的古民居，也体现在很多大型古宅中，如面阔达11间的通山县大路乡吴田村“大夫第”（图3.2.4.7）、面阔达23间的阳新县排市镇下容村阚家大屋（图3.2.4.8），都采用了三道门的对称造型；这种构图方式一直沿用到清末民初，如通山县闯王镇宝石村民宅，为最常见的三开间对称立面，从其券门造型、铁板浮雕门扉都能看到西洋教堂建筑的影响，但仍然严守对称的构图法则（图3.2.4.9）；大冶市赵李桥镇羊楼洞村的三合院建筑，是对称构图的特例（图3.2.4.10）。

两厢夹槽门为鄂东南古民居典型的立面形式，除此之外，还有一些其他的对称式立面构图。如大冶市金湖街上冯村的宗祠，这座庞大的三道门石结构建筑，虽然坐落在自然的坡地上，但仍然采用了对称式构图，并在主入口墙门上方，运用起伏的墙头造型，进一步突出对称中轴（图3.2.4.11、图3.2.4.12）；阳新县浮屠镇玉堍村李氏宗祠，是在高起的墙面中塑造门檐装饰，突出中心对称的案例（图3.2.4.13）；通城县龙港镇古宅，在完整的墙面中仅开一门，是对称式构图中最简洁的案例（图3.2.4.14）；阳新县三溪镇木林村枫杨庄古宅，将云形山墙的造型用于主入口两侧，堪称最特异的对称式构图，具有鲜明的荆楚风韵（图3.2.4.15）。牌楼式立面是两湖古民居常用的对称式构图。通山县通羊镇岭下村古民居，就是典型的牌楼式立面（图3.2.4.16）；通山县大畈镇白泥村谭氏宗

图3.2.4.9 常见的三开间对称立面

图3.2.4.10 对称的三合院构图

图3.2.4.11 对称的祠堂

图3.2.4.12 对称墙门与墙头

图3.2.4.13 装饰门檐突出中心

图3.2.4.14 最简洁的对称立面

图3.2.4.15 最特异的对称构图

图3.2.4.16 牌楼式立面

图3.2.4.17 牌楼式立面的变体

图3.2.4.18 牌楼式立面的组合

图3.2.4.19 组合式对称立面

图3.2.4.20 立面不对称构图

祠，虽然弱化了立面梁柱的联系，但从总体构图和细部构造去判断，仍然可以被看作牌楼式立面的特例（图3.2.4.17）；阳新县王英镇大田村伍氏宗祠立面，为一座大牌楼、两座小牌楼的对称组合构图，是对称式立面中气魄最宏大的（图3.2.4.18）。通山县洪港镇江源村王氏老屋，主入口八字墙自然衔接两侧跌级墙面，用高起的墀头烘托精致的内廊式槽门，整体和谐，特色鲜明，是鄂东南组合式对称立面的代表（图3.2.4.19）。

在遗存的鄂东南古民居中，虽然对称式立面占了主流，但不乏不对称立面的实例。如通山县通羊镇湄港村大屋沈古民居群中的一栋建筑，门楼高耸于左侧，配楼偏于右侧（图3.2.4.20）；大冶市金湖街上冯村古民居一栋古民居，主体为不对称构图，院墙与园门也采用了不对称构图（图3.2.4.21）；而大冶市大箕铺镇柯大兴村古民居群，却呈现出正面、山面、槽门、墙门非常自由的组合方式，宽窄相间、虚实相生、高低错落、变化多端（图3.2.4.22），从柯大兴村古民居的体量组合，不难看出改建的痕迹（图3.2.4.23）。这种不对称构图，还表现在院落空间的立面中，大冶市金湖街上冯村古民居的院落也是多次改建的结果（图3.2.4.24）；通山县南林镇石门村长夏畈古民居，插入人字山墙，打破单一的天际线，形成丰富而均衡的立面构图（图3.2.4.25）；赤壁市一栋古民居，运用人字山墙、一字山墙、组合山墙、院门、墙门、门檐的自由组合，形成具有特色的立面变化（图3.2.4.26）。有些古民居结合用地条件和功能需求，局部采用不对称构图，但建筑的整体构图仍然受对称法则影响，能看到明显的构图中轴线（图3.2.4.27）。

图3.2.4.21 不对称立面组合

图3.2.4.22 自然的变化

图3.2.4.23 立面改建的痕迹

图3.2.4.24 不对称院落立面

图3.2.4.25 巧妙的立面均衡

图3.2.4.26 不对称立面组合

图3.2.4.27 端部的不对称变化

图3.2.4.28 柜台与活板

图3.2.4.29 花窗与吊楼栏杆

图3.2.4.30 虚实相间

图3.2.4.31 转角门面

图3.2.4.32 槛窗挑栏

图3.2.4.33 活木板墙与平开门

图3.2.4.34 砖墙砖柱

图3.2.4.35 下砖上木

商铺立面是鄂东南古民居中最自由活泼的。它们多为两层砖木建筑，一般为下店上宅或前店后宅，也有利用二层经营茶座或餐饮的，单层商铺较少。立面设计以不对称的样式居多。作为万里茶道的重要节点，赤壁市赵李桥镇羊楼洞村在明末清初时，茶叶种植、加工、贸易极为繁盛，这里留下的商铺几乎囊括了鄂东南的各种样式。图3.2.4.28为一组两栋并联的临河商铺，左边茶肆底层采用开放的门面和透明橱窗，楼上茶座外设露台，右边的古玩店面则采用相对封闭的木板活门；店铺底层设花格窗，上设吊楼栏杆，应该是对外性较强的经营（图3.2.4.29）；图3.2.4.30所示的一组商铺，可以看到虚实相间、高低错落的变化；图3.2.4.31的商铺处于转角部位，在山墙面柜台的上方增加了宽阔的挑檐，吸引视线兼遮风挡雨；图3.2.4.32可以看到柜台槛窗与二楼挑台造型；图3.2.4.33为全木装修的案例，底层设活木板墙与平开门，兼顾商业与日常生活；图3.2.4.34所示建筑为茶叶工坊，采用砖墙砖柱，立面完全不同于传统建筑，显然受到清末民初城市建筑的影响，外观严整封闭；图3.2.4.35所示为砖墙较多的商铺，建成时间应该相对较晚。

3．槽门与墙门

槽门入口是鄂东南古民居的重要特点之一，其通常的做法是将中心开间的外墙内收1.5米左右，在门前形成内凹的过渡空间，不仅能打破规整的墙面，丰富立面造型，还具有遮风挡雨、迎来送往、闲聊交流的功能。

槽门设计的重点之一是门头。崇阳县青山镇华陂村古民居，将槽门两侧纵墙在上方挑出，做成马头墙夹槽门的优美门头，使平直的屋面立刻生动起来（图3.2.4.36）；马桥镇垅口冯村古民居，将槽门的门墙伸出屋面，与两侧跌级墙体三面围合门檐，形成隆重的门头造型（图3.2.4.37）；而崇阳县桂花泉镇三山村古民居，更将这种门头分别用于四个主入口和四个天井院的厅堂入口，高低错落，节奏鲜明，气势宏大（图3.2.4.38）；通城县龙港镇古民居，将伸出屋面的槽门内墙做成跌级造型，与高耸的马头墙组合，衔接自然，风格突出（图3.2.4.39）；通城县龙港镇祠堂，槽门两侧跌级墙面与上方门墙组成“步步高”的构图，门墙上方装饰门檐、浮雕和牌匾，形成立面的重点（图3.2.4.40）；大冶市金湖街上冯村古民居的槽门，八字墙衔接两侧的跌级墙面，加强了主入口的引导性（图3.2.4.41）。门头的变化还表现在槽门的檐下处理上。最简单的做法是在两侧墙上穿枋，承托上部的檐檩和屋面（图3.2.4.42）；考究的门头会在檐下加廊轩，如通山县大路乡吴田村“大夫第”窄小的中路槽门，檐下就设有鹤颈轩（图3.2.4.43）；“大夫第”宽阔的边路槽门，采用双枋托梁头，枋间正中设镂空花托，挑梁头下有托斗短柱，结构清晰，构造精到，堪称鄂东南最美槽门檐下造型（图3.2.4.44）；槽门上设石枋直接承托屋檐，这种做法在鄂东南看到数例，但以赤壁市赵李桥镇羊楼洞村的案例最具特色，保存也最完整，石枋两头镂雕单栱，并设一组单栱上挑开口墀头，别具匠心（图3.2.4.45）；檐下夹阁楼的做法，在鄂东南也看到多例，但以崇阳县金塘镇金塘村卢家老屋用弧形雕枋托楼栏的做法最为考究（图3.2.4.46）；崇阳县白霓镇回头岭村古民居，槽门上阁楼高耸，凌驾于其他屋面之上的做法，仅存孤例（图3.2.4.47）。

图3.2.4.36 马头墙夹槽门

图3.2.4.37 跌级墙体围门檐

图3.2.4.38 墙体围门檐的重复构图

图3.2.4.39 八字墙与跌级门墙

图3.2.4.40“步步高”槽门构图

图3.2.4.41 具有引导性的槽门

图3.2.4.42 檐下设弧枋托屋檐

图3.2.4.43 檐下设鹤颈轩

图3.2.4.44 檐下双枋托梁头

图3.2.4.45 石坊雕栱托屋檐墀头

图3.2.4.46 弧形雕枋托楼栏

图3.2.4.47 门上高耸阁楼

图3.2.4.48 经典门套与匾额

图3.2.4.49 槽门加立柱

图3.2.4.50 八字墙立柱槽门

图3.2.4.51 丰富的立面层次

槽门设计的重点之二是门套与门匾。鄂东南古民居的门套多采用完整厚实的石雕构件组合成长方形门洞，框角石向内刻成各种简洁的图案，也有组合成券形门洞的。门枕石以矩形为主，也有少数采用圆形抱鼓或其他造型的。雕刻的重点是门楣和门枕石，门框边柱少有雕刻，多为二度剁斧凿平，少有斜方线刻，各种案例将在后面“细部构造的特色”“建筑装饰的特色”中列举，故不赘述。设于门套上方的门匾，一般与门套同宽，采用石雕、灰塑或图案装饰边框。通山县九宫山镇中港村周家大屋的门套与门楣，比例协调，落落大方，堪称鄂东南古民居槽门构图的典型案例（图3.2.4.48）。达官贵人的宅邸常会在宽大的槽门前加立柱。如阳新县浮屠镇玉堍村李蘅石故居，槽门外设石雕宝瓶柱础，“一柱二材”双柱，木雕透空挂落，侧墙与屋檐外伸，进深3米有余，构图干净利索，气象宏大（图3.2.4.49）；通山县洪港镇江源村古民居，同样为槽门加外柱设计，门内空间小于前者，却运用外伸八字墙的手法，扩大了空间的气场（图3.2.4.50）；阳新县白沙镇梁公铺村梁氏宗祠，适当压低八字墙的高度，突出槽门气势，露出后面的山墙轮廓，层次丰富，引人入胜，堪称巧妙的设计（图3.2.4.51）；大冶市大箕铺镇水南湾古民居，因为有皇家背景，入口宽度达到三开间，虽然具有槽门空间退让的特征，但其空间类型应该不属于“槽”，而应该称为“廊”了（图3.2.4.52）。

两湖民间笃信风水，认为门的朝向会影响住户人脉财势的兴衰。风水的讲究非常复杂，但就入口而言，关键是大门正前方不能“添堵”，最好是既有开阔的视野，又有美好的对景。于是，鄂东南古民居的很多大门都在槽门内有一定角度的偏转。如咸安区马桥镇垅口冯村、赤壁市赵李桥镇羊楼洞村的三栋古民居，都存在入口偏转，但处理手法不同。图3.2.4.53所示大门偏转角度显著，不得不采用三折墙面协调入口空间；图3.2.4.54所示大门偏转角度微弱，对槽门空间基本没有影响；图3.2.4.55所示大门二分之一墙面单边偏转，于是将匾额脱离门套轴线，放到两墙中间，化解了逢中折线一贯到顶的毛病，是入口偏转造型的特例。

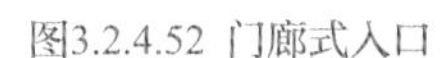

图3.2.4.52 门廊式入口

图3.2.4.53 槽门入口显著偏转

图3.2.4.54 槽门入口微弱偏转

图3.2.4.55 匾额调和墙面转折

图3.2.4.56 浪漫的门头

图3.2.4.57 简洁的门头

图3.2.4.58 气派的门檐

图3.2.4.59 得体的构图

图3.2.4.60 山面的墙门

图3.2.4.61 山面的耳门

图3.2.4.62 墙门外设廊轩

鄂东南古民居主入口大量采用槽门，也有采用墙门的，但次入口和侧入口则基本以墙门为主。当主入口采用墙门时，不但门套、门匾十分考究，上面常常还会加上精美的门檐。通山县洪港镇江源村的古民居“槐轩”，墙门上方的门檐不尊古制，用砖雕灰塑模仿传统吊柱，柱间用曲线雕饰环护门匾，非常浪漫，颇有中式巴洛克的情调（图3.2.4.56）；赤壁市赵李桥镇羊楼洞村某民居的墙门，借鉴徽派建筑的砖雕构图，造型更趋简洁雅致，可惜在维修中用白粉刷掩盖了原有的砖墙肌理（图3.2.4.57）；阳新县浮屠镇玉堍村李氏宗祠的墙门上方，门檐采用砖砌灰塑构造，用三开间仿木吊脚楼突出祠堂的气势，被白粉刷掩盖的砖墙肌理仍然残留在门檐上方的空隙中（图3.2.4.58）；鄂州市龙蟠矶观音阁侧门，采用砖券门洞，砖雕灰塑仿木垂花柱门檐托单檐屋面，造型大方装饰得体，堪称鄂东南古民居墙门造型的佳例（图3.2.4.59）；大冶市金湖街上冯村古民居山面的墙门，在维修中完整地保留了原有砖砌叠涩门洞、贴墙木吊柱、檐轩与单檐起翘屋面，是非常难得的资料（图3.2.4.60）；在上冯村的古民居中还发现有数例设在山面的耳门，由墙门石阶衔接外部高差，内连后花园，很有画意（图3.2.4.61）；上冯村还有一处古民居，在墙门外设置高大的廊轩作为入口过渡空间，颇具气势，是鄂东南古民居中很少见到的做法（图3.2.4.62）。鄂东南古民居的院落空间

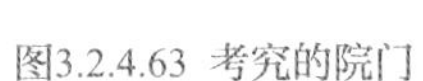
图3.2.4.63 考究的院门

图3.2.4.64 宽敞工整的院门

图3.2.4.65 高耸的门楼

很少，赤壁市赵李桥镇雷家大院的院门却设计得极为考究，在三面跌宕起伏的墙面烘托之下，小巧的墀头槽门显得格外亲切，体现出迎客的功能（图3.2.4.63）；雷家大院另一处院门宽敞工整，应该是供官家进出的场所（图3.2.4.64）；雷家大院高耸显赫的门楼，则明显具有渲染商业实力的作用了（图3.2.4.65）。

4．优美的山墙

鄂东南古民居的山墙之美，在周边各省中是出类拔萃的。如果把建筑比作音乐，徽派建筑由垂直块面高低错落构成的山墙，像一曲独奏，韵律不免显得单调。而鄂东南古民居的两类山墙：一是借用多种造型组合，以直线、斜线为主的组合山墙；二是以优雅曲线为主的云形山墙，都无不具有交响乐的气势和感人至深的魅力。如果进一步区分它们的意境，则前者体现出主题性音乐的严整与恢宏，后者体现出圆舞曲的自由与浪漫。

崇阳县白霓镇回头岭村古民居山墙的主体造型，是将一个大写的人字插入两侧马头墙；为突出主体，前面的一字形山墙略微低于主体向前伸出，完整衬托出墀头和主体造型雄健的轮廓线，并获得向前延伸的水平张力，可惜前端的墙体已经垮塌，给我们留下了断臂维纳斯般的遗憾；后面的一字形山墙进一步降低，并向后呈斜线下降，赋予整体造型有力的动势和余韵无穷的尾声；各个部位的造型比例恰当，构造精到，望之令人肃然起敬（图3.2.4.66）。通山县大路乡吴田村“大夫第”的多组云形山墙，其大云朵与小云朵采用了黄金比例，而小云朵与之间的一字形山墙，则采用了1：2的模数，从而使造型既有朵朵祥云的飘逸感，又有建筑构图的稳定感（图3.2.4.67）。两处山墙设计都堪称我国古民居建筑艺术的瑰宝。在大冶市金湖街上冯村有一处云形山墙，细部装修已经残破不堪，但“双凤逐日”的主题依然清晰可辨（图3.2.4.68），不禁令人联想到屈原借歌颂云神，祈祷楚国富强的《九歌·云中君》以及《九歌·大司命》中“广开兮天门，纷吾乘兮玄云”“高飞兮安翔，

图3.2.4.66 残缺的组合式山墙

图3.2.4.67 优雅的云形山墙

图3.2.4.68 云形山墙之残件

乘清气兮御阴阳”，《离骚》中“吾令凤鸟飞腾兮，继之以日夜。飘风屯其相离兮，帅云霓而来御”等许多浪漫的诗境。眼前的建筑，不就是对这些浪漫诗境的追溯吗？有人将“云形山墙”称为“猫拱背”，有对鄂东南古民居美学意境曲解之意，我们有责任为这些美好的建筑正名。

虽然古民居损毁严重，幸运的是我们还能目睹上述两种山墙的大量案例，其中许多案例还保留得相当完整。它们在鄂东南古民居的造型中占据主流，有力地宣示着鄂东南古民居独有的特色。如大冶市金湖街焦和村和通山县南林桥镇石门的古民居的组合山墙，都保留得相当完整，虽然构图元素基本相同，但组合方法不一，都展现出宏大的气势（图3.2.4.69、图3.2.4.70）；咸安区桂花镇刘家桥村的古民居，将人字形屋面轮廓插入一字形山墙，也是常见的组合山墙构图（图3.2.4.71）；通山县闯王镇宝石村的古民居，在跌级山墙、一字形山墙、云形山墙的组合构图中，云形山墙显然占据了中心地位，属于组合山墙的一种变体（图3.2.4.72）；通山县大畈镇白泥村古民居，保留了云形山墙的典型做法，山墙端部采用优美的吞口墀头和鸟形脊翼，银滚边的粉刷带上有古雅的檐画，山面造型简洁完整，与立面外墙衔接自然（图3.2.4.73）；阳新县白沙镇梁公铺村的古民居，运用跌级墀头丰富云形山墙的变化，常用于进深较大的山面（图3.2.4.74）。鄂东南古民居的山墙除了上述两类典型，也有一些其他的样式。如大冶市金湖街上冯村古民居的山墙，为人字山墙、一字形山墙和吞口墀头的组合造型，细部精到，构图简洁有力，是鄂东南中小进深民居常见的构图（图3.2.4.75）；大冶市金湖街上冯村古民居，由两组人字山墙与中间一字形山墙组成蝶形构图，与一进天井院的建筑空间自然吻合，造型朴实而生动（图3.2.4.76）。跌级山墙，源自古代徽州的建筑造型，一般呈规则的阶梯状，称为“三花山墙”或“五花山墙”，是徽派建筑的典型符号。鄂东南的古民居很少有规规矩矩照抄“五花山墙”或“三花山墙”的案例，头脑机敏的楚人总喜欢结合建筑需求灵活地改造外来样式，创造出许多新的变体，或融入本地元素，形成自己的特色。阳新县浮屠镇玉堍村李蘅石故居，山墙造型借鉴徽派建筑，但造型密切结合建筑空间变化，墀头出挑则明显大于徽派建筑，可惜当时

图3.2.4.69 完整的组合山墙一

图3.2.4.70 完整的组合山墙二

图3.2.4.71 完整的组合山墙三

图3.2.4.72 以云形山墙为中心的组合构图

图3.2.4.73 典型的云形山墙细部

图3.2.4.74 云形山墙的构图变化

图3.2.4.75 简洁精到的山墙造型

图3.2.4.76 蝶形山墙构图

图3.2.4.77 借鉴徽派建筑的山墙韵律

图3.2.4.78 山墙自然的不对称变化

图3.2.4.79 高低山墙的衔接

图3.2.4.80 马头墙的连续韵律

图3.2.4.81 山墙的不对称变化

图3.2.4.82 山面虚实结合

图3.2.4.83 “双飞燕”山墙构图

图3.2.4.84 两坡悬山组合山墙

体现鄂东南特色的精美吞口墀头已经垮塌，只剩下体现吞口造型的残存砌体（图3.2.4.77）；鄂州市梁子湖区太和镇胡家老屋，山墙设计在借鉴徽派建筑的同时，结合建筑空间，呈现出不对称的韵律变化（图3.2.4.78）；通山县九宫山镇中港村周家大屋的山墙，在较大的跌级之间加入一个小的曲线山面，巧妙地体现本地特色（图3.2.4.79）；阳新县三溪镇木林村枫杨庄古民居，更是运用夸张的手法，将建筑的马头墙构成了连续的韵律（图3.2.4.80）；大冶市金湖街上冯村古民居，结合地势，将门斗设在山面，上方屋面略低于墙头，构图亲切可爱（图3.2.4.81）；赤壁市赵李桥镇羊楼洞村入口门楼，人字山墙一边设墀头，一边接吊楼，虚实相生，生动有趣（图3.2.4.82）；赵李桥镇雷家大院客房山墙高架于回廊之上，颇有“双飞燕”的意趣（图3.2.4.83）；组合山墙常用于多进民居，阶梯、人字形、弧形的自由组合，长短、高低、平斜的轮廓变化，使山墙轮廓呈现丰富的韵律，这种形式在省外不多，在鄂东南则有大量精彩的案例，是荆楚先民融会东西、灵活进行建筑创造的明证。崇阳县白霓镇回头岭村的王世杰故居，采用两坡悬山造型（图3.2.4.84）；白霓镇油市村，保留数栋两坡悬山土木结构民居（图3.2.4.85）。崇阳县白霓镇纸棚村包家大屋，在两层砖木建筑中采用悬山屋面，是很少见到的案例（图3.2.4.86）。两坡悬山的古民居比硬山建筑构造简单，造型也不那么华丽，完全从实用出发，造型真实朴素，更容易得到借鉴化用，从而在今天的乡村振兴中得到广泛运用。

图3.2.4.85 两坡悬山土木结构

图3.2.4.86 砖木两坡悬山构造

5．银滚边装修

鄂东南古民居的墙面装修，不同于徽派建筑墙面的通体粉白，也不同于其他省份古民居将建筑

图3.2.4.87 冯京故居

图3.2.4.88 保存较好的村落

图3.2.4.89 保存完好的墙体

图3.2.4.90 精美的檐画和灰塑檐口

图3.2.4.91 檐下故事图画

图3.2.4.92 由“银滚边”延伸的图案

图3.2.4.93“银滚边”的自然延展

图3.2.4.94“银滚边”的变化

外轮廓全部粉上白边的“银包金”做法，仅在建筑立面与山面的檐下做一圈白灰粉边，延伸到墀头部分就结束了，如咸安区马桥镇垅口村冯京故居的做法（图3.2.4.87）。我们将这种做法称为“银滚边”，它具有很强的科学性。砌筑墙体采用矩形砖块，砌到上面时，要完成斜面、弧面收边和复杂的墀头造型，就必须砍砖，施工中很难做到外形美观、与压顶密切结合、严密封闭内外空间，而“银滚边”可以轻松地满足这些要求。同时，这种做法将墙下条基、墙角石、清水砖墙完全袒露出来，对施工质量要求非常严格。由于墙体非常结实，可以省略木柱，直接在墙上穿枋架檩，承托上部屋面。很多村落古民居梁枋糟朽、屋面垮塌，已经无人居住，但墙体保存尚好，外观基本完整，给我们留下很多宝贵的信息（图3.2.4.88、图3.2.4.89）。围绕建筑上部轮廓一圈的白粉边上常有精美的檐画和灰塑檐口（图3.2.4.90）；考究的建筑，常会将正立面的檐下粉刷分割成一幅幅画面，描绘山川风物或人物故事（图3.2.4.91）；有的建筑还将粉边内转，在砖墙上塑成优美的图案，如清末通山知县王明璠府第，云形山墙的“银滚边”向墙内延伸，描绘出不同的卷云图案，经过多次维修，檐画基本被覆盖，卷云图案也变得粗糙，但仍然能感受到浪漫的意蕴（图3.2.4.92）；无论建筑造型如何演变，“银滚边”的装修都会随之自然延展（图3.2.4.93），并结合造型的重点进行扩展和点缀（图3.2.4.94）。“银滚边”，显然是鄂东南古民居重要的特色之一。

体现“中和”文化理念的对称构图，结合环境与功能的灵活变化，产生出适应夏热冬冷气候的高墙小窗、丰富的槽门与墙门设计、优雅浪漫的山墙轮廓、“银滚边”的墙面装修，表现出鄂东南古民居造型的主要特点。

（五）鄂东南古民居结构的特色

鄂东南民居的结构，主要为土木结构和砖木结构两类。在调研中，除了个别景观亭廊以外，没有发现全木结构的建筑。

1．土木结构的古民居

土木结构，指用土墙和木构架共同承重的建筑构造。鄂东南现存的土木结构古民居，墙体几乎都是土砖，未发现干打垒的墙体。这些土砖多制作于农闲的冬季。在平整的稻田收割之后，平整地面，经石碾反复碾压，再划线、切割、晾晒后，形成内含水稻根须、外形整齐、密实坚固的成品土砖，用泥浆或掺石灰的混合砂浆砌筑成墙体。这种房屋取料容易，造价低廉，冬暖夏凉，但终不如砖木结构的建筑坚固清爽，所以在经济发展较好的鄂东南并不多见，多为穷苦人家的住所。为遮挡风雨侵袭，这类建筑均采用两坡悬山屋面，并设有较大的挑檐。为隔离地面的潮气，经济条件好一点的人家常采用底层砖墙、上层土墙的做法。崇阳县白霓镇油市村的一栋古宅，为了加强墙体的稳定性，不仅利用底层砖墙上方阁楼的檩条拉结墙体，在阁楼上方也设有拉结檩条，再加上屋面檩条、穿入墙体的檐口挑梁，共同组成稳定的结构体系，历经百余年风雨仍然非常牢固，不见一丝裂缝，且有人居住（图3.2.5.1、图3.2.5.2）。条件差一点的人家，也要在土墙下设500毫米以上的砖砌墙裙防潮（图3.2.5.3）。也有在北面用砖墙抵挡凛冽的风雪，在山面转为土墙的做法，如大冶市金湖街上冯村古民居（图3.2.5.4）；许多单层土房常会在主屋的山墙一侧加一间“拖屋”，用于厨务、储藏或养殖等辅助功能，并使建筑形式出现变化（图3.2.5.5）；在阳新县排市镇下容村的一个村湾内，古民居呈现土木、砖木、混搭多种构造并存的景象（图3.2.5.6）；崇阳县金塘镇畈上村的古民居，采用深入墙体的双挑木构架承托深远的屋檐，上部的“大刀挑”利用木料的自然曲度承托檐檩，构造很是巧妙，至今仍然非常稳固（图3.2.5.7）；崇阳县白霓镇纸坊村一处古宅同样为二挑构

图3.2.5.1 历经百年风雨的土房一

图3.2.5.2 历经百年风雨的土房二

图3.2.5.3 砖砌墙裙

图3.2.5.4 北面砖墙与山面土墙结合

图3.2.5.5 通山县洪港镇江源村古民居

图3.2.5.6 多种构造并存

图3.2.5.7 双挑深出檐

图3.2.5.8 古雅浪漫的构件

图3.2.5.9 隐匿绿林的黄墙灰瓦

图3.2.5.10 颇有画意的村口点缀

造，由于挑梁深入墙体不够，基本失去了结构功能，但下面模仿斗栱的挑梁头造型古雅，上面承托挑梁的木穿植物雕饰风格浪漫，均有很高的参考价值（图3.2.5.8）；嘉鱼县官桥镇梁家村的一栋古民居，黄墙灰瓦隐于绿林高木之间，给沉寂的山林带来了生气（图3.2.5.9）；通山县洪港镇江源村的一栋古宅，独立村口，宛如桃源序曲，颇有画意（图3.2.5.10）。这些土木结构的民居，对比豪华的深宅大院似乎无足轻重，但其中不乏巧妙的建筑智慧、浓浓的诗情画意。

2．砖木结构的古民居

鄂东南砖木结构的古民居不同于北方，北方古民居号称砖木结构，墙体厚实但不承重，仅有空间围合功能；鄂东南砖木结构的古民居也不同于南方的穿斗结构，全靠木构架承担楼面和屋面重量，梁柱间仅填有极薄的砖墙或板壁，灾年的洪水极易冲毁墙面，号称“墙倒屋不塌”；鄂东南古民居采用砖墙和木构架共同承重，是真正符合建筑学“砖木混合结构”定义的构造形式。这种构造，对砖料、木料和施工品质要求很高，只有建在丘陵坡岗、没有洪灾之虞、经济条件比较富庶的鄂东南才有可能出现，并成为当地古民居的主要构造形式。这种结构山墙内侧不设柱子，檩条直接搭在墙上，对砖墙的质量要求很高。许多讲究的古民居，砖料都在外地知名的窑厂定点烧造，并在砖上模印制造商或年号，崇阳县白霓镇回头岭村曾家古民居群的砖块，“同治四年”的模印依然清晰可辨（图3.2.5.11）。大冶市当年主持金湖街门楼村古民居群建设的泉铺湾太公，对施工质量要求极高，重点部位的每块砖都要精心打磨才可以上墙，每人一天砌砖不得超过12块，超过这个数的师傅会被辞退。由通山县洪港镇江源村名绅王迪光、进士王迪吉共同主持兴建的王氏老屋建筑群，在建造之初就进行精心策划，制定了“一年烧砖瓦，一年备材料，一年建造装修”的施工组织设计。崇阳县桂花泉镇三山村何家大屋的主人，提出“三年不作春，只为造华堂”的口号，放下农事全力打造新居，这组大屋历经七年才建成。于明朝万历年间斥巨资兴建，号称“两千多人同住一个古民居”的大冶市大箕铺镇水南湾古民居群，更是集中一百多名能工巧匠耗时13年才竣工。

鄂东南的古民居多为两坡硬山造型，要在墙上架设木檩承托阁楼和屋面，所以要求砖块和墙体规整，下方设有稳固的毛石台基和条石墙基，要有防撞的墙角石和拉结的条石，檐口用石灰砂浆封堵严实。考究的建筑一般完全采用实体砖墙，如大冶市金湖街上冯村古民居，施工优良的墙基、砌体与檐口共同保障了墙体的质量，使其历经百余年依然完好如初（图3.2.5.12～图3.2.5.14）；也有在两层建筑的一层采用实体墙、二层采用空斗墙的做法，如鄂州市梁子湖区太和镇胡廷佐故居（图3.2.5.15）；经济条件稍差的则完全采用空斗墙。墙面砖石之间，一般都用石灰砂浆勾平缝，可

图3.2.5.11“同治四年”模印砖

图3.2.5.12 完全采用实墙

图3.2.5.13 实墙嵌花窗

图3.2.5.14 历经百年墙体完好

图3.2.5.15 实体墙结合空斗墙

图3.2.5.16 砖墙满贴石板

图3.2.5.17 石板贴面

图3.2.5.18 预制花砖墙

图3.2.5.19 预制花砖窗

图3.2.5.20 预制浮雕贴面花砖

反映出砌体的构造特征。通山县大畈镇白泥村谭氏宗祠，在砖墙外面满贴青石板，立面装修豪华考究，在鄂东南古民居中仅此一例（图3.2.5.16、图3.2.5.17）；在通山县洪港镇江源村古民居中，出现了精美的镂空花墙；在通山县闯王镇宝石村古民居中，出现了精美的镂空花砖窗和浮雕贴面花砖，它们开启了湖北省古民居预制墙体构造的先河（图3.2.5.18 ~ 图3.2.5.20）。

空斗墙的砌法分“有眠空斗墙”和“无眠空斗墙”。立砌的砖块称“斗砖”，平砌的砖块称“眠砖”。有眠空斗墙又分“一眠一斗”、“一眠二斗”和“一眠三斗”；墙体的空斗部分均采用“一顺一丁”的砌法。“顺”，指砖块平行墙面立砌；“丁”，指砖块垂直墙体立砌，起到拉结的作用。不同古民居所用的砖块尺寸并不完全统一，但都大于现代常用的红砖，一般长度为300毫米左右，宽度为150毫米左右，厚度为80毫米左右；墙体厚度则一般不小于300毫米，是湖北省古民居中最厚实的。

3．鄂东南古民居的木构架

无论土木结构还是砖木结构的古民居，都依靠墙体承重，在纵墙上直接搁置木枋和檩条，檩条上方均匀排列木椽，满铺小青瓦。两侧厢房开间不大，也都是在墙体上简支木枋和檩条，构造简单，无须赘述。开间较大的厅堂则采用粗壮的木枋，在枋上插柱托檩，增加屋面的刚度，如大冶市大箕铺镇水南湾古民居（图3.2.5.21）；还有在枋上搁梁，梁上插柱托檩的做法，如通城县麦氏镇许家湾葛家大屋，为了加强结构联系，在梁柱结合部做有类似“角背”的雕饰构件（图3.2.5.22）；当建筑空间较高、进深较大时，就会采用厚实的双枋，增加靠墙的插柱和空间连梁，形成稳定的空间结构，如大冶市金湖街姜桥村古民居的做法（图3.2.5.23）；当厅堂进一步加宽，则会增设檐柱，减小檐檩和挑檐檩的跨度，如通山县南林镇石门村长夏畈古民居的做法（图3.2.5.24）；鄂东南还有一种构架，类似北方的抬梁，区别在于，北方是将下面的主梁搁在前后金柱的上方，鄂东南是将主梁插在前后金柱之间，通山县洪港镇江源村王南丰老宅就是利用这种结构扩大房间无柱空间的案例（图3.2.5.25），通山县大畈镇白泥村谭氏宗祠厅堂也是利用这种结构扩大厅堂无柱空间的案例（图3.2.5.26）；通山县闯王镇芭蕉湾村焦氏宗祠，则将抬梁插在枋上的立柱之间，创造出更大的无柱空间（图3.2.5.27）；通山县洪港镇江源村古民居，采用檐柱托插梁挑檐檩，挑梁下的随梁枋浪漫而精致，其他檐下构造在维修中被大量替换，已经不能与之相配（图3.2.5.28）；崇阳县白霓镇油市村古民居，穿梁下设一对单栱加强梁柱联系，古风犹存（图3.2.5.29）；赤壁市羊楼洞村雷家大院的外廊，在檐柱两侧设单栱托檐枋，柱头伸出弧形木穿托住厚实的连檐，构造稳固，形式典雅，历经百年而不朽（图3.2.5.30）。由湖北省文物保护技术中心测绘的通山县舒家大屋剖面图，清晰地反映了鄂东南古民居厅堂柱间插梁、蜀柱抬梁、出穿挑檐、搁檩铺椽的构造关系（图3.2.5.31）。

鄂东南古民居木构架的主要特征是墙上穿枋，柱间插梁，充分发挥砖木混合结构的性能，比北

图3.2.5.21 枋上插柱托檩

图3.2.5.22 枋上搁梁，梁上插柱托檩

图3.2.5.23 梁枋插柱的复合构造

图3.2.5.24 设檐柱扩大厅堂空间

图3.2.5.25 插柱式“抬梁”

图3.2.5.26 插柱式“抬梁”加檐廊

图3.2.5.27 抬梁插在枋上的立柱之间

图3.2.5.28 檐柱托插梁挑檐檩

图3.2.5.29 穿梁下设单栱

图3.2.5.30 穿头托连檐

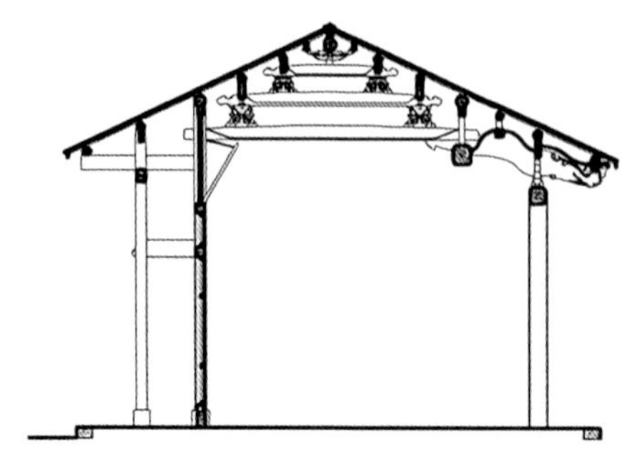

图3.2.5.31 舒家大屋剖面

图3.2.5.32 较高的柱础

方的抬梁结构省却了梁头复杂的构造转换和榫卯加工，比南方完全暴露的穿斗结构更容易抵御潮湿气候的腐蚀。就我国建筑大木结构的一般特点而言，北方建筑追求厚实稳重，构造方法偏于垒叠咬合；南方建筑追求灵秀轻巧，构造方法偏于穿插出挑；鄂东南古民居的建筑结构，主体建筑用料粗壮，并借鉴了北方的抬梁做法，虽然比苏皖建筑显得厚实，但仍然以穿插为主要构造特征，尤其是天井院的外檐构造，常常采用南方穿斗结构的做法，呈现出与北方建筑迥异的外观，构造风格偏于南方特色。

4．梁柱构造

“一柱二材”是鄂东南古民居常用的做法。为应对高温高湿的气候，这里的柱础普遍比北方高，如通城县大路乡吴田村“大夫第”的柱础，高度达650毫米（图3.2.5.32）；浮屠镇玉堍村李蘅石故居槽门入口的檐柱采用了下部石柱与上部木柱的组合形式，立柱的柱础更高达1米（图3.2.5.33）；塘湖镇荻田村黄氏宗祠内天井的石柱高度，甚至一直延伸到一层回廊与井口构造的梁下，不仅彻底实现了立柱的防腐功能，更通过材质变化，给人带来一种清爽的感觉（图3.2.5.34）。天井院阁楼一般不与墙柱面平齐，而是会外挑300~600毫米，用挑梁承托吊柱支撑天井构架，阁楼横枋在插入吊柱前会有意减薄，保持挑梁、吊柱的断面强度，突出吊柱与柱头精美的造型，如通城县大路乡吴田村“大夫第”的阁楼（图3.2.5.35）；挑梁直接托柱时，会在梁上设平板枋和木雕柱托，在托柱和天井挑梁间设透雕花牙子，如金湖街焦和村古民居天井院的戏台构造（图3.2.5.36），还会在梁头钉上浮雕花板覆盖木头的断纹，如崇阳县白霓镇油市村古民居的做法

图3.2.5.33 檐柱采用“一柱二材”做法

图3.2.5.34 石柱直抵一层与二层梁下

图3.2.5.35 巧妙处理梁柱关系

图3.2.5.36 挑梁托柱的构造

图3.2.5.2-37 梁头覆盖雕板

图3.2.5.38 挑梁与木柱间的缓冲构件

图3.2.5.39 雕饰撑栱与鱼尾挑

图3.2.5.40 透雕撑栱

图3.2.5.41 动物、植物的组合雕饰

图3.2.5.42 镂雕撑栱

（图3.2.5.37）；有些古民居，还会设置简雅的木托，加强立柱、过梁、墙体的结构联系，如阳新县三溪镇枫杨庄古民居（图3.2.5.38）。鄂东南古民居的挑檐，很少采用斜撑，一旦采用，就会做成非常奇特的样式。如赤壁市赵李桥镇雷家大院檐柱上的斜撑，下面雕有一只下山猛虎，上方托着精美的鱼尾挑（图3.2.5.39）；院内另一处斜撑，也对简洁的撑栱进行了透雕装饰（图3.2.5.40）；大冶市大箕铺镇八流村古民居的斜撑，更是采用了绣球、缠枝花叶、鱼尾的透雕造型（图3.2.5.41）；崇阳县金塘镇畈上村古民居的斜撑则采用了“喜鹊登梅”的主题和复杂的镂雕图案（图3.2.5.42）。这些镂空圆雕与透雕结合的撑栱，不仅具有明确的结构功能，更展现出灵动浪漫的荆楚特色。赤壁市赵李桥镇民居的槽门，用端部雕刻斗栱的完整石梁承托屋檐，使门头获得坚固耐久的构造（图3.2.5.43）；通城县麦氏镇许家湾的古民居，普遍采用石梁挑墙头、挑墀头的做法，形成了稳定的墙体构造（图3.2.5.44）；崇阳县桂花泉镇三山村何家大屋，用石梁挑出二楼墙体，上方采用二挑木构架，在主入口形成深远的挑檐，是在鄂东南古民居调研中仅见的案例（图3.2.5.45）。

图3.2.5.43 用石梁承托屋檐

图3.2.5.44 石梁挑墀头

图3.2.5.45 石木三挑墙檐

（六）鄂东南古民居构造的特色

1．屋面构造

鄂东南古民居的主体建筑均采用两坡屋面，屋面坡度接近1∶2，上面覆盖小青瓦。小青瓦的尺寸一般为：大头长240毫米、小头长200毫米，宽200毫米，厚10～15毫米。土木结构的古民居均采用两坡悬山屋面，但数量极少，构造也简单，是在悬山屋面边缘的木椽或搏风板上先铺一条盖瓦，铺完底瓦后再压一道盖瓦，两道盖瓦都要挑出木椽或博风板60毫米作为披水。砖木结构的古民居均为两坡硬山屋面，一般是将小青瓦干铺在断面90毫米×40毫米的木椽条上。椽条长度要跨越两檩或三檩间距，椽条的接头要上下错位，并以斜口相接；椽距要相等，按青瓦小头搭接椽条宽度不小于20毫米进行控制。先铺底瓦、后铺盖瓦，自下而上一片一片叠铺，第一片底瓦挑出搪口不少于50毫米，防止雨水浸湿连檐或椽头，瓦面上下搭接约2/3，又称搭七留三；第一片盖瓦端头要用碎瓦和混合石灰砂浆垫高30毫米，用白灰粉出瓦头；靠近山墙边缘，要顺屋面坡度设一路底瓦，侧贴于墙面作泛水。鄂东南古民居一般的屋面，是在木椽条上直接干铺小青瓦，这种做法又叫冷摊瓦（图3.2.6.1、图3.2.6.2）；讲究的屋面，会在木椽条上先铺一层望砖，再用混合石灰砂浆坐砌小青瓦（图3.2.6.3、图3.2.6.4）；两种做法都没有苫背，所以保温都比较差，在冬季，有时会感觉室内比室外还要冷。屋瓦铺完后，用麻刀灰封闭屋脊盖瓦、山墙边瓦、檐下搪口、瓦头下面的空隙（图3.2.6.5）。鄂东南古民居的屋脊构造分三种。①盖瓦压脊，是最简单的构造，仅在脊檩上方两坡屋面交会处用砂浆错缝卧砌两到三层盖瓦（又称合脊瓦），两侧用砂浆封严即可，几乎看不到脊身造型（图3.2.6.6）；②清水脊，是在合脊瓦上面压砌一道平瓦条，然后在平瓦条上垂直或斜向排列

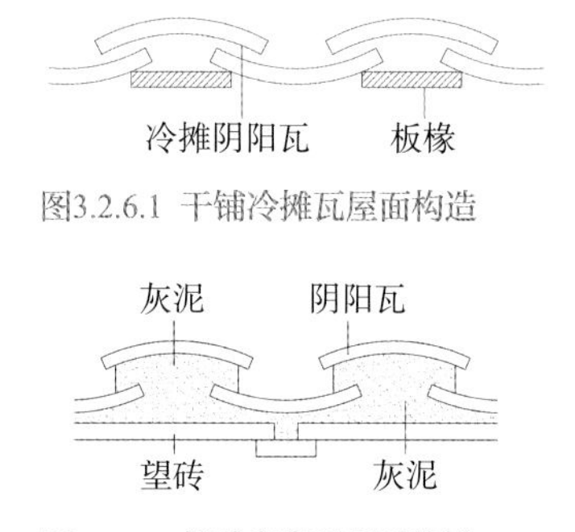

图3.2.6.1 干铺冷摊瓦屋面构造

图3.2.6.3 望砖坐砌瓦屋面构造

图3.2.6.2 冷摊瓦屋面实例

图3.2.6.4 望砖坐砌瓦屋面实例

图3.2.6.5 麻刀白灰瓦头

图3.2.6.6 盖瓦压脊

图3.2.6.7 清水脊

图3.2.6.8 清水脊头与脊身

图3.2.6.9 二龙戏珠脊头与镂空脊身

图3.2.6.10 脊上装饰镂空构件

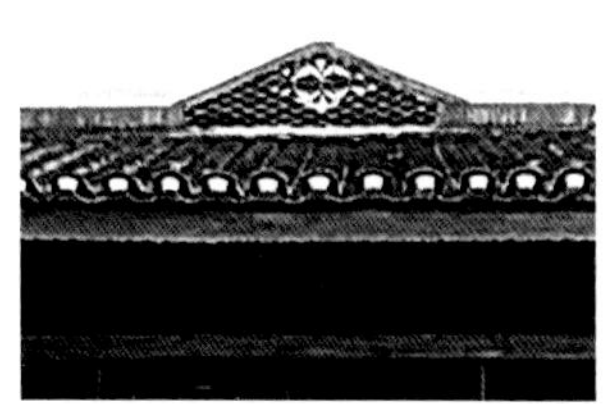

图3.2.6.11 “年年有余”脊头装饰

图3.2.6.12 升起的清水脊翼

图3.2.6.13 鸟形脊翼

图3.2.6.14 开口脊翼

图3.2.6.15 山墙衮龙脊和披水脊

图3.2.6.16 屋面起翘与斜向戗脊

小青瓦组成脊身，这种做法朴实无华，运用广泛（图3.2.6.7、图3.2.6.8）；③花式脊，指有装饰图案的屋脊，由雕有几何或花草图案的预制单元构成脊身，也有用薄砖或小青瓦拼接的镂空图案构成脊身，花式脊多用于考究的大型宅院或祠堂建筑（图3.2.6.9）。有的古民居在脊上装饰镂空构件，形成轻灵的造型（图3.2.6.10）。鄂东南古民居的正脊平直，正中精美的装饰构造称为脊头，是屋脊造型的重点（图3.2.6.11）；有的清水脊两端层层叠瓦，使造型略有升起（图3.2.6.12），有的用灰塑结合叠瓦，塑造出抽象优雅的鸟形脊翼，表现出楚地先民对凤鸟的偏爱（图3.2.6.13）；有的将脊翼做成开口，形成了“归鸟含珠”的造型（图3.2.6.14）。山墙顶部的压脊有遮雨护墙的作用。一般是先在墙顶部用砖砌加灰塑做出托檐，然后在上面层层叠砌披水瓦，组成立体层次，当地称为“衮龙脊”；端部连接墀头的平脊，则用青砖砌成三角墙头，两侧铺披檐瓦，虽然宽度很小，但檐口、瓦面、脊身的构造一丝不苟，基本构造与正屋完全相同，阳新县白沙镇梁公铺梁氏宗祠是两种屋面组合的典型案例（图3.2.6.15）。鄂东南古民居的正屋没有斜脊，斜脊一般只出现在主体建筑附加的戏楼和其他景观建筑中。如大冶市白沙镇梁公铺梁氏宗祠的戏楼，不仅屋面有起翘，垂脊两边还有斜向的戗脊（图3.2.6.16），所有屋脊上方都有统一的灰塑透雕彩色云纹装饰（图3.2.6.17）。大冶市金湖街大冯村的碾亭，采用简朴的盖瓦斜脊，与农耕生活非常协调（图3.2.6.18）。鄂东南古民居的主体建筑，多采用两坡屋面正交组合，在屋面相交处自然形成排水沟，在屋面不大时，构造是合理的

图3.2.6.17 屋脊装饰

图3.2.6.18 朴素的盖瓦脊

图3.2.6.19 两坡屋面的组合

图3.2.6.20 双排水沟

（图3.2.6.19）。阳新县王英镇大田村伍氏宗祠，为解决较大屋面的排水问题，用盖瓦遮护斜梁，在两侧做出双排水沟，真是智慧的创造（图3.2.6.20）。

2．墙体构造

鄂东南古民居的墙体，按结构可分为承重墙和填充墙，按材料又可分为土墙、砖墙、石墙和木墙。鄂东南采用土墙的古民居不多，墙体构造有两种，一是采用土坯砖砌墙，如崇阳县白霓镇油市村古民居（图3.2.6.21）；二是版筑土墙，如嘉鱼县官桥镇梁家村古民居（图3.2.6.22）。贫苦民众的住宅普遍采用土墙；条件好一点的人家会在下半截砌砖墙、上半截砌土墙，如嘉鱼县官桥镇梁家村古民居（图3.2.6.23）；为节省造价，大量古民居采用空斗砖墙与实体砖墙结合的做法，如阳新县浮屠镇玉堍村的李蘅石故居（图3.2.6.24）；在富裕的鄂东南，全部采用实体砖墙的建筑很多，如咸安区马桥镇垅口村古民居（图3.2.6.25）和大冶市金湖街上冯村古民居（图3.2.6.26），全部采用实体砖墙，历经百余年，外观依然保持得相当完整。在鄂东南没有发现整面墙使用石墙的民居，石材仅用于基础或墙裙，并以规整的条石为主。如通城县麦市镇古民居的外墙，就采用了整石条基和墙角石（图3.2.6.27），咸安区桂花镇刘家桥村古民居，将墙角石立在整石墙裙上，并设有拉结石，也是鄂东南古民居常见的墙体构造（图3.2.6.28）。除了商铺，鄂东南的古民居中没有发现用木板做外墙的案例。商铺在临街面普遍采用活动木板门，拆装灵活，便于经营。如赤壁市赵李桥镇羊楼洞村的商铺，就有大量采用活动板门与活动板窗的案例（图3.2.6.29、图3.2.6.30）。在古民居的室内，木板墙仅用于空间分隔，如通山县洪港镇江源村古民居厅堂的墙面和隔屏（图3.2.6.31）。赤壁市赵李桥镇雷家大屋，在厅堂和天井院，也大量使用了木板隔墙（图3.2.6.32、图3.2.6.33）。

鄂东南古民居墙体大多采用青砖，外墙面不做粉刷，呈现出砌体自然的构造和砖块朴素的质感。由于青砖为手工制作，产地不同，厂家不同，时代不同，尺寸都存在差异。如通山县闯王镇

图3.2.6.21 土坯砖砌墙

图3.2.6.22 版筑土墙

图3.2.6.23 半截砖墙上面砌土墙

图3.2.6.24 实体墙与空斗墙结合

图3.2.6.25 全用砖砌实墙

图3.2.6.26 历经百余年依然相当完整

图3.2.6.27 整石条基加墙角石

图3.2.6.28 整石墙裙的墙角用条石拉结

图3.2.6.29 临河商铺的活动板门

图3.2.6.30 临街商铺的活动板窗

图3.2.6.31 木质隔墙与隔屏

图3.2.6.32 厅堂隔墙

图3.2.6.33 天井院隔墙

图3.2.6.34 薄砖实体墙

图3.2.6.35 厚砖实体墙

图3.2.6.36 老砖翻造的实体墙

宝石村古民居（图3.2.6.34）和大冶市金湖街上冯村古民居（图3.2.6.35），所用砖块的厚度就明显不同。有时同一栋房屋所用砖的大小也不相同，如通山县闯王镇宝石村古民居墙面的砖块，不仅长短、厚薄不一，颜色也有很大差异，显然是在房屋翻造中大量采用不同年代老砖的结果（图3.2.6.36）。调查发现，鄂东南古民居使用的青砖虽然规格不一，但也有一个大致的尺寸范围，即长度为265～330毫米，宽度为140～220毫米，厚度变化最大，为40～120毫米。鄂东南古民居的砖墙要承重，自然以实体墙为好，这里的古民居大多采用实体墙，但砌法却各有千秋。如大冶市金湖街上冯村古民居的实墙是以顺砌为主（图3.2.6.37）；鄂州市梁子湖区太和镇上洪村古民居的实墙则以横砌为主（图3.2.6.38）。实体墙砌法很多，但采用错位搭砌的方法增加墙的整体性是基本原则。实体墙的差异主要体现在墙体厚度。如“三顺一丁”的做法，厚度一般不小于300毫米（图3.2.6.39）；“两平一顺”的做法，厚度一般不小于200毫米（图3.2.6.40）；单砖全顺的做法，厚度一般不小于140毫米（图3.2.6.41）。为了省砖，很多古民居大量采用空斗墙。其构造是由两侧平行墙面的“顺斗砖”形成空斗，由垂直墙面的“丁斗砖”进行拉结，由平砌的眠砖增强整体性。在墙体的收头、转角部位则必须砌成实体（图3.2.6.42）。在空斗墙中，顺斗砖越多，用砖就越省，强

图3.2.6.37 顺砌实体砖墙

图3.2.6.38 横砌实体砖墙

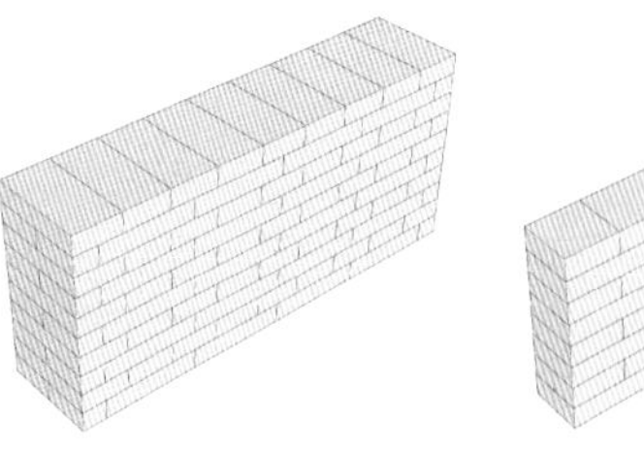

图3.2.6.39“三顺一丁”实体墙

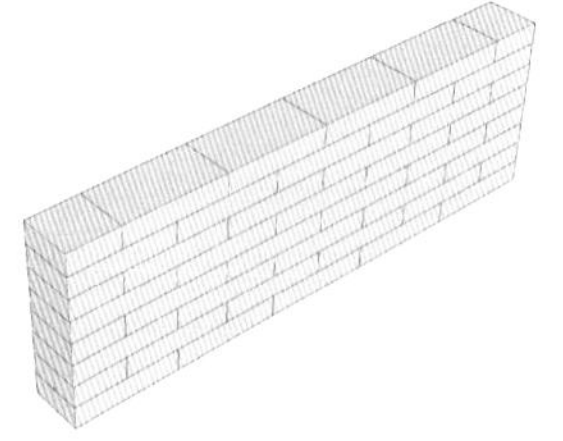

图3.2.6.40“两平一顺”实体墙

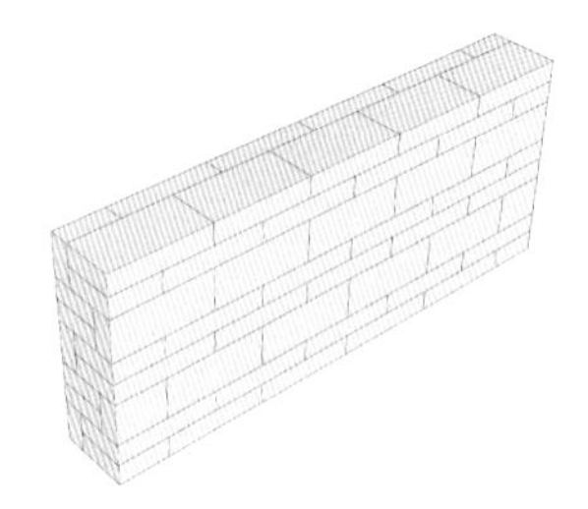

图3.2.6.41 单砖全顺实体墙

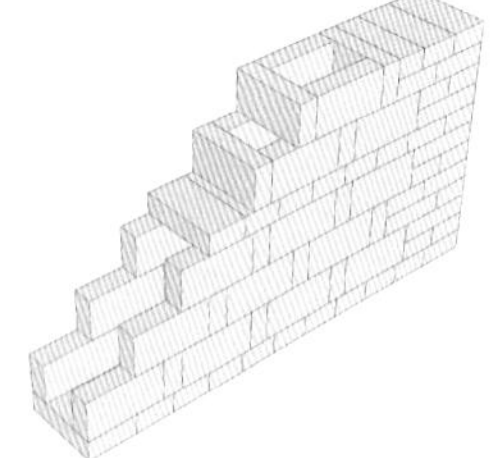

图3.2.6.42 顺斗、丁斗、眠砖与实体墙收头

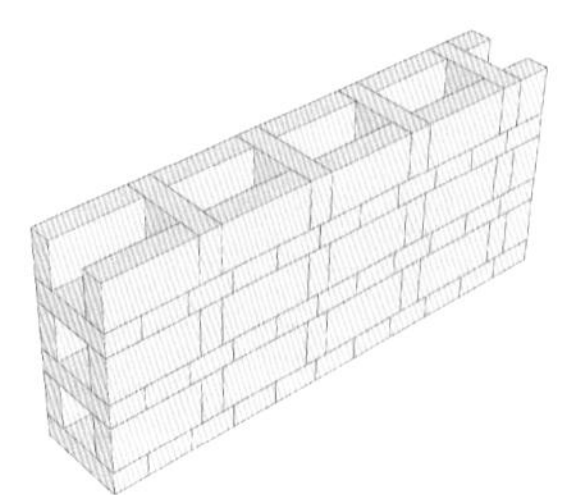

图3.2.6.43“一斗一眠”空斗墙

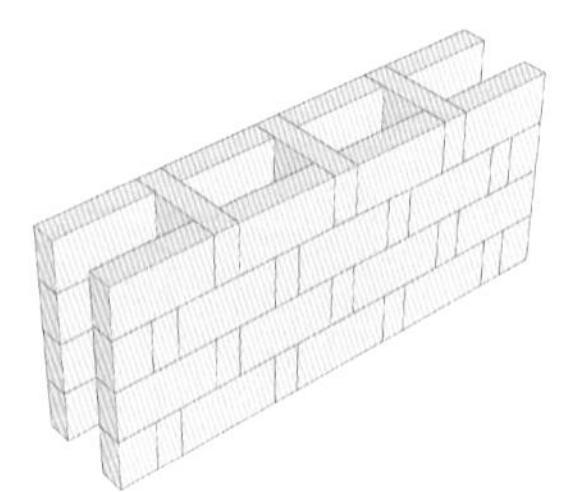

图3.2.6.44 无眠空斗墙

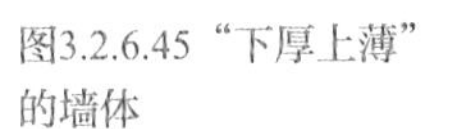

图3.2.6.45“下厚上薄”的墙体

图3.2.6.46“下实上虚”的墙体

图3.2.6.47 上部空斗墙与檐口构造

图3.2.6.48 横墙和内隔墙

度就越低，反之亦然。无眠空斗墙一般不能作承重墙，所以越靠近底部，眠砖的层数就越多，往上会逐渐减少，甚至过渡到无眠空斗墙（图3.2.6.43、图3.2.6.44）。在空斗墙内填充沙土、碎砖，可以增加墙体稳定性，还能增强保温隔热性能。

鄂东南古民居要在墙上搁木枋和檩条，两侧山墙和室内承重墙常常由稳定的墙基、底层实体墙、上部空斗墙，形成“下厚上薄、下实上虚”的构造层次。大冶市金湖街上冯村古民居就是典型的“下厚上薄”墙体构造（图3.2.6.45）；通山县闯王镇宝石村古民居则是“下实上虚”的典型构造（图3.2.6.46、图3.2.6.47）。非承重的横墙、上部檐墙、室内隔墙，通常会采用空斗墙或单砖薄墙。赤壁市刘家桥古民居就是横墙和室内隔墙均采用单砖全顺薄墙的案例（图3.2.6.48）。但有些古民居的墙体并不遵循“下实上虚”的规律。如大冶市大箕铺镇水南湾古民居，底层采用很厚的空斗墙，用两道眠砖作为收口过渡，承托室内立柱；上部外侧则采用单砖实体墙，留出立柱的空间，由此形成了特殊的外观（图3.2.6.49、图3.2.6.50）。空斗墙的墙角部位，一般采用斗砖叠砌，以增加端部的强度（图3.2.6.51）。但也有特例，如大冶市大箕铺镇水南湾古民居的空斗墙收边，在“一斗一眠”的薄砖之间，夹砌厚实的砖块，提高了墙体端部的强度（图3.2.6.52、图3.2.6.53）。

图3.2.6.49“下虚上实”的外墙

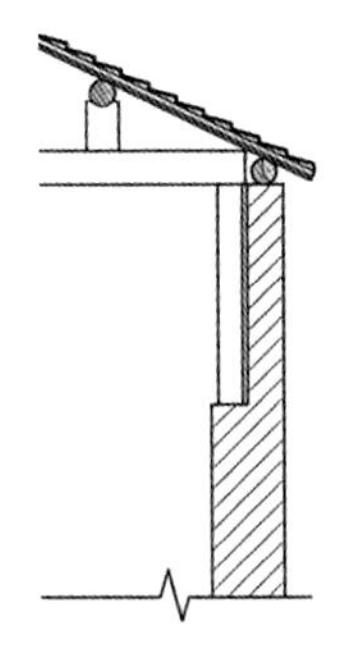

图3.2.6.50 特殊墙体构造

图3.2.6.51 角部叠砌斗砖

图3.2.6.52 空斗墙门洞收边

图3.2.6.53 端部夹砌厚砖

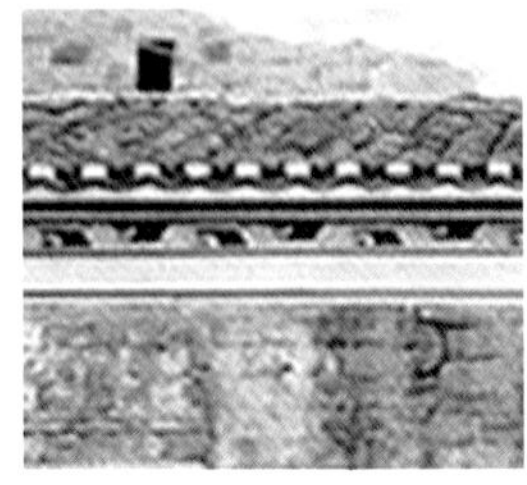

图3.2.6.54 立面墙檐图案

图3.2.6.55 图案转向山面

图3.2.6.56 扩大装饰面

图3.2.6.57 增加浮雕图案

图3.2.6.58 假梁彩绘

图3.2.6.59 假梁下加装饰带

3．墙檐构造

鄂东南古民居的墙檐构造丰富多样，但也有极简单的做法，即仅在墙头挑出半砖，粉刷成不同的托檐，使屋面雨水滴不到墙面上，起到保护墙体的作用。最常见的墙檐做法是在托檐粉刷的上部描绘简单古雅的二方连续图案，并将相同的做法转向山面，围绕墙体上方，形成一圈“银滚边”的带形装饰，如大冶市金湖街上冯村古民居（图3.2.6.54、图3.2.6.55）。其他做法，有的是在托檐下扩大粉刷面，划分装饰格，填充不同的图画，如通山县南林镇石门村长夏畈古民居（图3.2.6.56）；有的是在托檐下增加浮雕，如阳新县白沙镇梁氏宗祠（图3.2.6.57）；有的是在托檐下砌假梁，描绘类似北方官式建筑“箍头、藻头、枋心”图案，如通山县南林镇石门村古民居（图3.2.6.58）；有的是将假梁下的装饰线扩充为二方连续图案，如咸安区桂花镇刘家桥村古民居（图3.2.6.59）；有的墙檐挑出较多，就采用砖砌连续三角图案丰富托檐构图，如赤壁市赵李桥镇古民居（图3.2.6.60）；有的则用砖砌连续齿状图案，加强托檐构造的强度，如通山县通羊镇湄港村大屋沈（图3.2.6.61）；通山县大畈镇白泥村谭氏宗祠的墙檐是鄂东南古民居中构造最复杂的，檐下排列有两层仿木砖雕托

图3.2.6.60 砖砌三角图案

图3.2.6.61 砖砌齿状图案

图3.2.6.62 复杂的墙檐

图3.2.6.63 运用墀头完善造型

图3.2.6.64 直线转折构成

图3.2.6.65 线型曲直结合

图3.2.6.66 比例节奏变化

图3.2.6.67 吞口墀头

檐，下层托檐采用考究的一斗一升单栱，上层则简化为一斗一升片栱，并有色彩变化，下面还绘有箍头、藻头和枋心（图3.2.6.62）。

4．墀头构造

墀头又称马头，指两边山墙上部前凸的构件，它具有对正立面墙体出檐收头、完善建筑造型的功能，如大冶市金湖街上冯村古民居（图3.2.6.63）。墀头的构造主要靠砖砌叠涩承托出挑，由下肩、正身、盘头、戗檐组成完整的造型。下肩，指山墙上墀头的初始挑出部分；正身，指墀头的重点装饰部分；盘头，指由多层线脚挑出的三角形墙头；戗檐，是上部披水板、瓦面、脊翼的总称。由于墀头的位置高耸显要，非常符合楚人张扬的性情，后来逐渐成为楚地古民居造型的重点。鄂东南古民居的墀头把基本轮廓的造型放在第一位，与简易的徽派墀头、繁缛的京派墀头形成鲜明对比，颇有“大写意”的气势。哪怕是造型简约的墀头，也非常注重线型、比例和节奏变化，如咸安区桂花镇刘家桥村古民居（图3.2.6.64）、大冶市大箕铺镇柯大兴村古民居（图3.2.6.65）、通山县通羊镇湄港村大屋沈古民居（图3.2.6.66）等案例。而吞口墀头不仅在数量上在鄂东南古民居中占了多数，其激越的曲直对比更使造型别开生面，创造出楚地特有的风格（图3.2.6.67）。不仅吞口部位有上下变化，轮廓线型和细节处理也各不相同。有的采用书卷式镶边（图3.2.6.68），有的采用卷云式造型（图3.2.6.69）。通山县南林桥镇石门村一处残存的墀头，吞口造型更向内转，形成浮雕卷云；其外伸的舌尖，与下肩轮廓的衔接浑然一体；虽然正身以上构造全无，仍然难掩其生动的气韵、浓郁的楚风（图3.2.6.70）。这里的墀头，还常在正身的凹入部分嵌入各种吉祥动物，表达美好的生活愿景（图3.2.6.71 ~ 图3.2.6.76）。还有的民居，采用砖拱承托墀头造型，中间采用具有佛教含义的层层莲

图3.2.6.68 书卷式吞口

图3.2.6.69 卷云式吞口

图3.2.6.70 墀头残件

图3.2.6.71 吞口含山羊

图3.2.6.72 吞口含舞狮

图3.2.6.73 吞口含坐狮

图3.2.6.74 吞口含奔牛

图3.2.6.75 吞口含奔鹿

图3.2.6.76 吞口含福狗

图3.2.6.77 挑拱托墀头

图3.2.6.78 层层莲瓣过渡

图3.2.6.79 灯笼墀头

瓣过渡，表现出中西合璧的文化意味（图3.2.6.77、图3.2.6.78）。咸安区马桥镇垅口冯村古民居，采用砖拱承托灯笼墀头，题材并不新鲜，但造型比例极佳，喜庆意味浓厚（图3.2.6.79）。可以说，鄂东南古民居的墀头，无论种类的丰富性和造型的精美度，在我国的古民居中都是首屈一指的。

5. 门窗构造

鄂东南古民居的门套多采用石雕构件。门套自下而上，由门墩、门槛、边框、角托、门楣构成。鄂东南的门墩多为矩形整石打造，从通山县南林镇石门村古民居的门墩残件可以看到门墩、门槛、边框、海窝（门臼）的相互锁扣关系（图3.2.6.80、图3.2.6.81）；考究的门墩三面都有雕饰，如崇阳县白霓镇油市村古民居（图3.2.6.82）；更复杂的做法，则将矩形门墩雕刻成下枭、正身、上枭三个层次，如大冶市金湖街上冯村古民居（图3.2.6.83）；也有少量借鉴北方抱鼓石的案例，

图3.2.6.80 矩形门墩残件

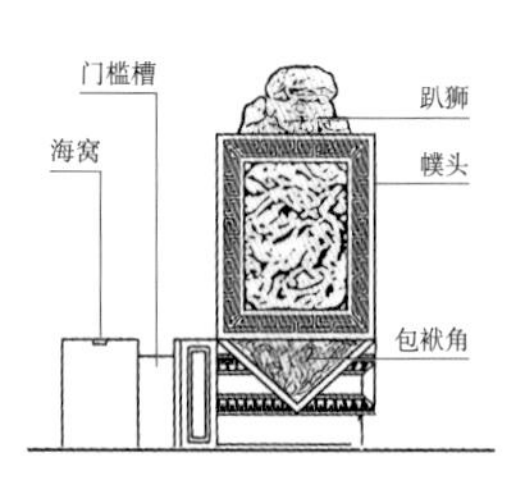

图3.2.6.81 矩形门墩构造

图3.2.6.82 矩形门墩雕饰

图3.2.6.83 考究的门墩造型

图3.2.6.84 抱鼓门墩

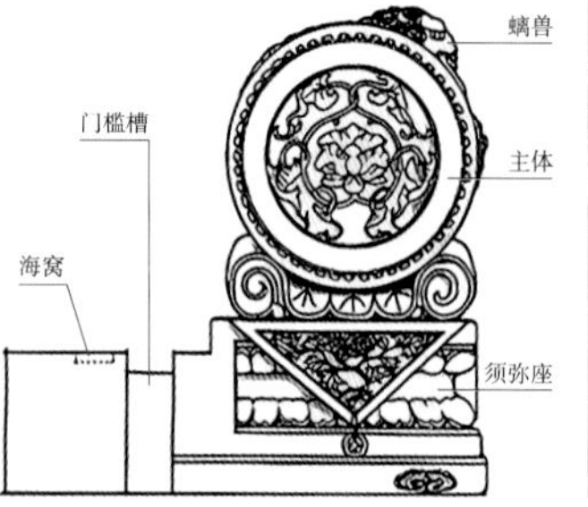

图3.2.6.85 鼓形门墩构造

图3.2.6.86 流云抱鼓门墩

图3.2.6.87 门槛与边框雕饰

图3.2.6.88 砖墙搁置角托门楣

图3.2.6.89 整石雕刻角托门楣

图3.2.6.90 海棠式托角石

图3.2.6.91 连和式托角石

如赤壁市赵李桥镇羊楼洞村古民居的门墩，但造型与装饰已经得到改造，表现出灵动浪漫的楚风（图3.2.6.84、图3.2.6.85）；最特殊的做法是大冶市大箕铺镇水南湾古民居的门墩，它近一人高，造型奇异，满布流云，颇具震撼力（图3.2.6.86）。鄂东南的门槛和边框一般不做雕饰，偶有在门槛做简单浮雕、在边框做剁斧线刻的案例，如崇阳县白霓镇油市村古民居（图3.2.6.87）；还有不做边框，直接在砖砌门边上方直接搁置角托和门楣的，如大冶市金湖街门楼村古民居（图3.2.6.88），从这一案例中可以清晰地看到局部下挂的门楣石与伸出的托角石，形成了稳定的扣接关系；也有少量用整石雕刻角托门楣的案例（图3.2.6.89）。角托，又称托角石，是表现门框特色的重要构件（图3.2.6.90～图3.2.6.92）。在鄂东南，用得最多的是书卷式托角，以表现诗礼传家的门风（图3.2.6.93）；其他不常见的托角石，有在拱形门券内加“双狮”高浮雕的（图3.2.6.94）、有做云雷纹角部装饰的（图3.2.6.95）、有在海棠式托角石上点缀半圆形宝珠装饰，产生悦目的入口气氛的做法（图3.2.6.96）和在海棠纹内加三角弧形雕刻的做法（图3.2.6.97）。

鄂东南古民居的门楣多为净面石雕构件。其他形式，则有石雕仿木簪造型的门楣（见

图3.2.6.92 卷云式托角石

图3.2.6.93 书卷式托角石

图3.2.6.94 高浮雕拱形托角石

图3.2.6.95 云雷纹角饰

图3.2.6.96 海棠宝珠托角石

图3.2.6.97 海棠纹内加弧形雕刻

图3.2.6.98 浮雕门楣

图3.2.6.99 匾额门楣一

图3.2.6.100 门楣匾额二

图3.2.6.101 石耳挖孔插门轴

图3.2.6.102 门楣内侧优雅的造型

图3.2.6.103 砖砌灰塑牌楼式门檐

图3.2.6.97）；有浮雕民俗生活场景的门楣（图3.2.6.98）；有门楣匾额合为一体的主入口大门（图3.2.6.99），也有门楣匾额合为一体的穿堂门洞（图3.2.6.100）。石雕门楣的背后，一般会在两侧伸出的石耳上挖圆孔，插门轴（图3.2.6.101）；崇阳县白霓镇大塘村古民居，则将门楣背后的石雕联楹做成了生动奔放的花叶造型（图3.2.6.102）。一些考究的古民居，还在墙门石雕门套或匾额的上方做有门檐。如阳新县浮屠镇玉堍村李氏宗祠的门檐，就采用了两湖民居常见的三开间吊脚牌楼式门檐（图3.2.6.103）；大冶市金湖街上冯村古民居，采用的是仿香案的砖雕门檐（图3.2.6.104）；大冶市金湖街焦和村古民居，在砖墙上叠砌厚实的托石门檐，简约精到，个性突出（图3.2.6.105）；鄂州市观音阁的砖雕门檐，是鄂东南古民居中最精美的案例（图3.2.6.106）。

鄂东南古民居的外门，通常为厚实的木板门扇，采用厚40毫米以上的通高杉木制作，具有很好的防腐功能。即使是普通的民居，也会在通高的木板之间设若干横向木方攒带（图3.2.6.107），并在门后设两道木栓，具有很强的防护功能（图3.2.6.108）。普通的民居，会在门扇外安装门跋（图3.2.6.109），考究的民居，则会在门扇外装上铺首衔环。大冶市金湖街上冯村古民居的门扇，采用狰狞的兽面辅首，上穿铁杠锁鼻，虽然衔环只剩残片，但基本功能还在，设计很有

图3.2.6.104 仿香案砖雕门

图3.2.6.105 石雕门檐

图3.2.6.106 砖雕门檐

图3.2.6.107 厚实的杉木板门

图3.2.6.108 门后双栓

图3.2.6.109 铁质门跋

图3.2.6.110 辅首残件

图3.2.6.111 门楣上设木簪

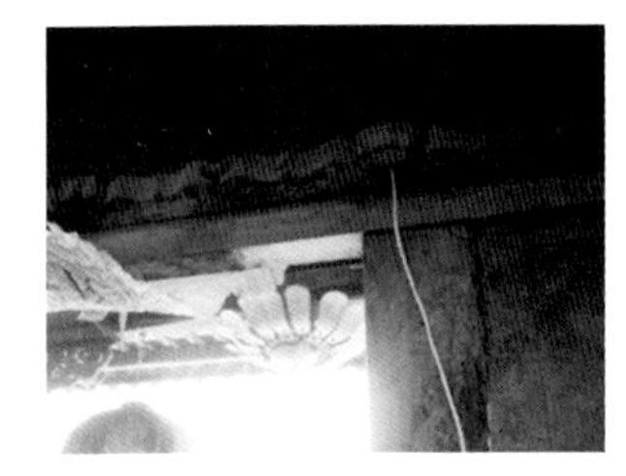
图3.2.6.112 附有雕饰的联楹

图3.2.6.113 常见的联楹

图3.2.6.114 具有亲和力的大门尺度

图3.2.6.115 横披窗

创意（图3.2.6.110）。有些槽门内的大门设在木框架之间，要在门楣上设木簪固定后面的联楹（图3.2.6.111）。鄂东南的联楹常常会刻成起伏的轮廓，并在较薄的凹入部分穿接木簪，不仅造型美观，构造也很合理（图3.2.6.112），也有在砖石结构上设木簪和木质联楹的案例（图3.2.6.113）。金湖街上冯村一栋古民居的大门，在门楣与中槛间装上木板，降低门框高度，使门洞的尺度具有亲和力；据村民说，遇到节日庆典，还会在门上张贴喜庆的图案，堪称巧妙的构思（图3.2.6.114）。

鄂东南古民居的内门，分隔扇门、实木门、屏门和板条门。它们都做在木结构框架之间，联系两侧木柱的木方，分下槛（门槛）、中槛和上槛；鄂东南潮气重，门槛多为石作，所以下槛一般做得很薄；隔扇门一般设在下槛和中槛之间，在中槛和上槛之间设横披窗（图3.2.6.115）。从通山县大路乡吴田村“大夫第”的隔扇门可以看到架空木地板的构造，是应对地面结露的有效措施（图3.2.6.116）。鄂东南的厅堂一般采用6～8樘双数隔扇门，最多的达到10樘。隔扇门的做法和外地基本一样，由边框、抹头、绦环板、裙板和上部通透的隔芯组成（图3.2.6.117）。但北方古民居的重点是防寒，房间门开得较矮，外面设有帘子架，靠横披窗采光；鄂东南古民居的重点是防暑，以通高的隔扇门为主，一般不设横披窗；北方的隔扇门比例有做到3：1的，而鄂东南的隔扇门则常常做到5：1以上，并采用类似宫殿和庙堂的六抹头造型（图3.2.6.118）；鄂东南的房门一般为实

图3.2.6.116 下部架空的隔扇门

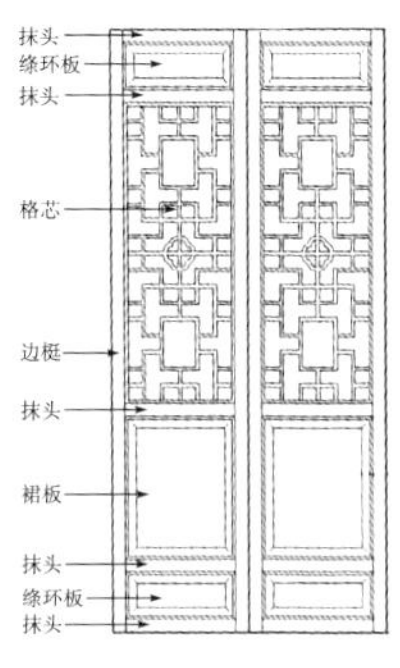

图3.2.6.117 隔扇门构造

图3.2.6.118 厅堂隔扇门

图3.2.6.119 房间板门与披窗

图3.2.6.120 板门与槛窗组

图3.2.6.121 室内屏门

图3.2.6.122 祖堂板条门

图3.2.6.123 典型的外窗布置

图3.2.6.124 最小的墙洞

图3.2.6.125 稍大的墙洞

图3.2.6.126 圆洞窗饰卷云边

图3.2.6.127 镂花洞窗

木板门，上面设有采光披窗（图3.2.6.119），披窗的图案一般与相邻的槛窗相协调（图3.2.6.120）。屏门是鄂东南古民居特有的部件，设在过厅与天井之间，是用薄木板镶边做成的优雅造型，其不设门扇，仅为空间段落的象征，却营造出深邃空灵的气氛（图3.2.6.121）。鄂东南民居祖堂的门，上部用横披窗通风采光，下部用八角形象征生生不息，门扇采用直棂构造，正中做成实心圆板，寓意“天圆地方，生生不息”，运用虚实结合的手法形成了典雅的构图，造型别致而内涵悠远（图3.2.6.122）。

鄂东南古民居的外窗，离不开“高墙小窗”的立面构图（图3.2.6.123），并以阁楼的小型洞窗与底层的石雕透窗，共同塑造出鄂东南古民居的内向型特征。调查还发现，这里的古民居建造时间越早，洞口就越小，装饰也越简单。如阳新县排市镇下容村建于清代中期的古民居，阁楼最小的洞口长宽仅为一匹砖的厚度（图3.2.6.124），大一点的洞口，宽度也只有两皮砖，高度仅为三皮砖（图3.2.6.125）；阳新县三溪镇木林村古民居的圆形洞窗（图3.2.6.126）和崇阳县油市村李家大屋的镂花洞窗与预制图案洞窗（图3.2.6.127、图3.2.6.128）的造型都已经非常考究，但洞口长宽

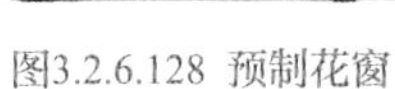

图3.2.6.128 预制花窗

图3.2.6.129 整石雕窗

图3.2.6.130 石窗框内拼砖花

图3.2.6.131 几何纹配动植物图案

图3.2.6.132 铜钱纹

图3.2.6.133 福寿图案

图3.2.6.134 安字纹

图3.2.6.135 条纹

图3.2.6.136 水泥仿石雕花窗一

也只有三皮砖左右。这可能是因为早期古民居的阁楼仅用于储物，较小的窗洞既可以解决换气、防盗功能，又可以不设窗扇。清末民初市场逐渐开放，阁楼的储物功能开始向居住功能演化，窗户逐渐变大，装饰分隔也变得复杂起来。如通山县通羊镇湄港村大屋沈的二层透窗，由于尺度扩大，砌砖已经不能满足要求，故采用了外砌窗套、内设窗框、整透雕的做法（图3.2.6.129）。九宫山镇中港村周家大屋的阁楼外窗，则采用了外加石框、内拼花砖的构造（图3.2.6.130）。底层透窗的主题和样式虽然千变万化，但基本构造都是整石镂雕，不仅用于外窗，也常常用于天井院（图3.2.6.131 ~ 图3.2.6.135）。有的花窗看上去酷似石雕，其实为水泥预制构造，它们在繁复的造型中蕴含严谨的秩序（图3.2.6.136、图3.2.6.137）；有的花窗采用非常精密的预制石雕构件（图3.2.6.138）。这些案例不仅体现出高超的技艺，更表现出楚人拓新的精神。

鄂东南古民居的内窗，主要为槛窗和漏窗，也有少量支摘窗。支摘窗由上部支窗和下部摘窗组成。支窗分内外两层，外层做棂条糊纸或安玻璃，冬季关闭以保持室温；内层做固定纱屉，夏季支起外层可通风防蚊。摘窗也分两层，外层糊纸以遮挡视线和保温，白天摘下可改善采光。这种做法北方多见，在鄂东南的实例很少。槛窗的构造，是在两柱之间下面砌槛墙，上面设中槛、上槛和窗扇。槛窗的做法，有在槛墙上设置多组隔扇窗的，如通山县大路乡吴田村“大夫第”（图3.2.6.139）；有在正中设固定采光窗格，两侧安装隔扇的（图3.2.6.140）；有结合板门、板壁和开扇的，如咸安区桂花镇刘家桥村古民居（图3.2.6.141）；有中间设支摘窗，两侧设隔扇窗的（图3.2.6.142）。在厢房板门的上方，均设有采光披窗，图案虽然与槛窗接近，但用料明显小于槛窗，如阳新县排市镇阚家塘古民居（图3.2.6.143）。也有在厢房砖墙正中或一侧设一对隔扇窗的做法，如南林镇石门村长夏畈古民居（图3.2.6.144、图3.2.6.145）。还有一种在鄂东南十分常见的特殊“槛窗”，将房间面对天井院的外窗做成了两截。下半截设窗棂，糊纸或装玻璃，只有采光功能，窗内放置儿童摇窝，可以遮挡风寒；上半截外设格式花格，内设活动窗扇；这种构造，加强了内窗的安全性和舒适

图3.2.6.137 水泥仿石雕花窗二

图3.2.6.138 预制花窗

图3.2.6.139 多组隔扇窗

图3.2.6.140 固定扇加隔扇窗

图3.2.6.141 板门与槛窗

图3.2.6.142 隔扇窗与支摘窗

图3.2.6.143 槛窗、隔板与披窗

图3.2.6.144 墙中隔扇窗

图3.2.6.145 墙边隔扇窗

图3.2.6.146 特殊槛窗

图3.2.6.147 槛窗残件

图3.2.6.148 三截槛窗一

图3.2.6.149 三截槛窗二

图3.2.6.150 天井院透雕花窗

图3.2.6.151 木雕透窗

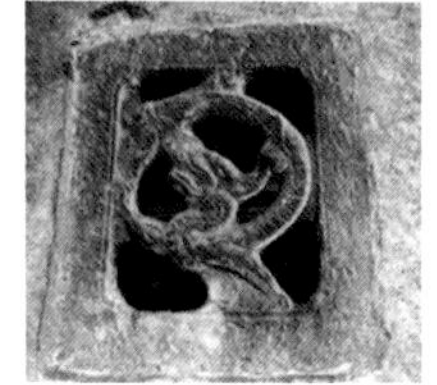
图3.2.6.152 石雕透窗

图3.2.6.153 石雕扇形花窗

性（图3.2.6.146、图3.2.6.147）。在崇阳县白霓镇还发现有三截式构造的特殊“槛窗”（图3.2.6.148、图3.2.6.149）。这种窗型具有鲜明的鄂东南特色。另外，在通山县南林镇石门村和大冶市大箕铺镇水南湾古民居天井院之间的隔墙上，还发现了大量的木雕或石雕漏窗（图3.2.6.150~图3.2.6.153）。其手法借鉴苏式园林的景窗，但因功能不在借景，所以在窗内填充透雕图案，一物两用，使隔墙两边的天井院都得到美化。这些透窗图案灵动浪漫，荆楚风韵浓郁，地方特色鲜明。

6．柱础构造

北方古民居柱础常采用低矮完整的造型，如山西王家大院的鼓墩柱础（图3.2.6.154）。鄂东南

图3.2.6.154 北方柱础

图3.2.6.155 鄂东南柱础

图3.2.6.156 石柱接柱础

图3.2.6.157 方形抹圆边

图3.2.6.158 方形饰楞边

图3.2.6.159 方形凸弧面

图3.2.6.160 方形倒斜边

图3.2.6.161 方、角、圆渐变

图3.2.6.162 鼓架式

图3.2.6.163 团圆式

图3.2.6.164 组合式

图3.2.6.165 瓜礅式

图3.2.6.166 瓜礅式

图3.2.6.167 鼓墩式

图3.2.6.168 香炉式

图3.2.6.169 宝瓶式

图3.2.6.170 简洁型

图3.2.6.171 流畅型

古民居的柱础则喜欢尺度较高、根部雕空、腰部内收的造型，如通山县南林镇石门村古民居的案例（图3.2.6.155）。有人认为采用高柱础是因为南方潮气太重，但鄂东南很多木柱下面是一截很高的石柱，石柱下面却采用了更高的石雕宝瓶柱础，如阳新县浮屠镇玉塅村李衡石故居（图3.2.6.156）。所以说，古民居的柱础形式，不仅反映了南北的气候差异，也反映出北方朴实的民风和楚地对空灵美的艺术追求。鄂东南古民居常见的柱础造型有方形抹圆边，方形饰棱边，方形凸弧面，方形倒斜边，方、角、圆渐变，鼓架式，团圆式，瓜墩式，香炉式，宝瓶式，组合式等（图3.2.6.157～图3.2.6.171）。鄂东南古民居的柱础均采用整石雕刻，构造大致可以分为底盘、束腰和主体三个部分；雕饰题材以动植物为主，喜爱采用简洁、变形、抽象的图案；总体特征是造型多变、构图考究、雕饰适度、线型流畅，充分表现出楚地“唯我独中”的艺术风貌。

（七）鄂东南古民居装饰的特色

古民居的装饰，在建筑材料和技术相对落后的百年以前，对提升建筑美感、完善构造功能、表达生活理想具有非常重要的意义。这些装饰体现出前人在材料认知、艺术造型、色彩组织、加工技艺、建筑审美等方面都达到了很高的境界，许多优秀的装饰案例，至今仍然令我们感到惊叹。鄂东南古民居的装饰，作为当时社会风尚、经济条件、地域风情的实证，反映出以下特色。

1. 文化气象博大

鄂东南地处“吴头楚尾”，其文化精神兼有楚地的大气浪漫和吴地的秀雅精工。道家哲学产生于古代楚国，对楚地民间文化具有深刻的影响，“天人合一”的理念不仅体现于村镇建筑的格局，也体现于民居的装饰。有的民居直接将老子的理念用于门匾，表现朴实的门风（图3.2.7.1）；有的民居在门楣下雕刻太极八卦图案，表现崇道的思想（图3.2.7.2），仿石门簪上，更刻有“未济”卦象，激励家人谦逊待人，永不自满（图3.2.7.3）；在主梁下方刻画太极图，则是大户人家常见的装饰方法（图3.2.7.4）；运用太极图案营造灵动的装饰也是常见的手法（图3.2.7.5）；“天圆地方”的宇宙意识，不仅体现在隔扇门、石雕窗等建筑构件中（图3.2.7.6、图3.2.7.7），甚至让一些室内小景的雕饰格调也显得平和自然（图3.2.7.8）。在室外建筑雕饰中，这种天地情怀更孕育出博大的构图、和谐的技法、悠游的仙境。如大冶市大箕铺镇柯大兴村古民居，戏楼大梁浮雕田园风光，栏板透雕动态卷云，柱前雕刻“立鹤衔花”，隐含“得道求仙”，巧寓舞台功能，形式与内容高度统一（图3.2.7.9）；通山县大畈镇白泥村谭氏宗祠，迎面主梁雕刻人物故事，用浅雕背景衬托高浮雕

图3.2.7.1 朴实的门风

图3.2.7.2 太极图案门楣

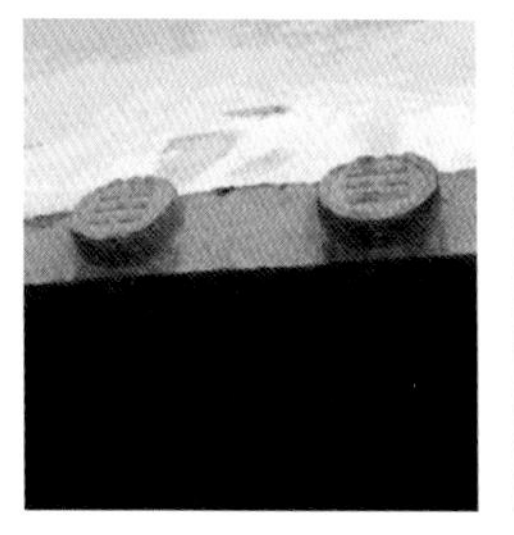
图3.2.7.3“未济卦”门簪

图3.2.7.4 主梁下刻太极图

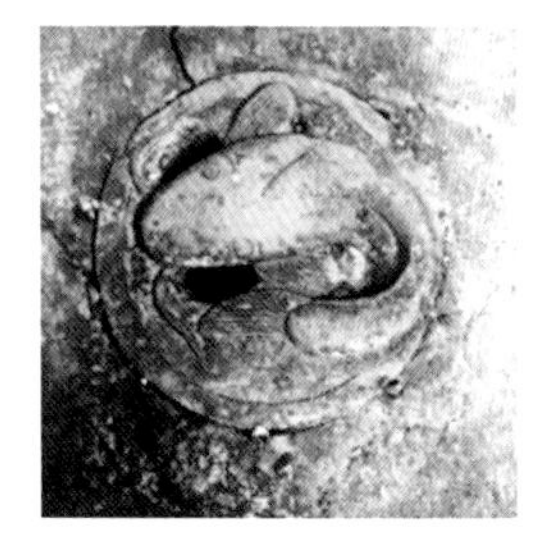
图3.2.7.5“阴阳鱼”石雕水漏

图3.2.7.6 方中见圆

图3.2.7.7 圆中见方

图3.2.7.8 挂落构图

图3.2.7.9“仙乐飘飘”主题装饰

图3.2.7.10 连环画式长卷构图

图3.2.7.11 运用色彩突出主题

图3.2.7.12 用屏门表现完整场景

图3.2.7.13“富贵平安”窗花

图3.2.7.14“鲤鱼化龙”地雕

图3.2.7.15“和谐共鸣”墙饰

图3.2.7.16“双师”檐下木雕

图3.2.7.17 福狗墀头

图3.2.7.18“曲曲和谐”窗花

人物，用“立柱”分割情节、增加景深，形成了连环画式的长卷构图（图3.2.7.10）；通山县大畈镇白泥村谭氏宗祠“万松堂”，主梁中间“二龙戏珠”彩绘雕饰，在周边朴素的材质衬托下，显得格外突出，堪称古民居装饰色彩运用的范例（图3.2.7.11）；通山县九宫山镇中港村周家大屋，采用三扇屏门雕刻表现一幅完整的“园林雅趣图”，也是少有的佳例（图3.2.7.12）。

2．图案取材广泛

鄂东南古民居的装饰题材多采用晚清世俗化、程式化的图案，包括神话传说、生活场景、自然风光、日月星辰、灵禽瑞兽、花鸟鱼虫、书法绘画等内容。这些图案运用“比拟”“双关”“象征”“谐音”的方法，表达人们对美好生活的愿景。这方面的研究很多，也很成熟，所以不在这里赘述。由于现存的实例太多，只能列举几个比较有代表性的案例。图3.2.7.13是以牡丹象征富贵，花瓶谐音平安的窗花图案；图3.2.7.14用“鱼跃龙应”的构图，比拟后辈努力，官方眷顾，文风和谐；图3.2.7.15用景石清波、鸣禽花果，象征夫妻和谐、生活美满；图3.2.7.16用双狮谐音古代官名“太师”与“少师”，寓意显赫的地位世代相传；图3.2.7.17用牡丹和汪汪的狗叫，象征富贵有望；图3.2.7.18用荷叶、蟋蟀、佛手，象征夫唱妇随，和谐幸福；图3.2.7.19用雅静幽深的园林景观浮雕作为客厅壁饰。

图3.2.7.19“庭院深深”雕屏

图3.2.7.20 抽象牡丹墙角石

图3.2.7.21 远古楚风图案

图3.2.7.22 飞凤卷草挂落

图3.2.7.23 牡丹飞凤石雕

图3.2.7.24“万象更新”抱鼓石

图3.2.7.25 透雕流云纹栏板

图3.2.7.26 鬼斧神工的技艺

此外，在鄂东南古民居的装饰中，还有大量具有楚地风情的图案。如图3.2.7.20用芙蓉浮雕作为墙角石装饰，采用“云化”变形，这是楚地常见的造型方法；图3.2.7.21的板壁木雕，将远古的楚国铜器图案，转化为“如意”的构图主题，中心部位抽象的“双鱼腾跃”进一步强化了设计思想；凤鸟作为楚人的图腾，也在鄂东南被大量采用，如崇阳县白霓镇大塘村古民居的镂雕挂落，凤凰造型简约生动，和卷草纹组合自然（图3.2.7.22）；通山县通羊镇岭下村牌坊屋上面的石雕牡丹飞凤，健硕优雅，堪称古民居凤凰装饰造型的典范（图3.2.7.23）；大冶市大箕铺镇水南湾古民居抱鼓石上的“万象更新”图案，完全改变了大象高大笨拙的印象，变得生龙活虎，配合蕉叶、蝙蝠、牡丹，营造欢乐喜庆的迎春气息（图3.2.7.24）；大冶市大箕铺镇水南湾古民居阁楼栏板的透雕云纹，婉转流动，变幻莫测，与出土的楚国冰鉴上失蜡法铸造的蟠螭纹，同有鬼斧神工之妙（图3.2.7.25、图3.2.7.26）。

3．结合材料构造

鄂东南古民居的装饰，还有结合材料性能与构造功能的特点。石材生性坚硬，抗风雨，耐侵蚀，被普遍应用于台阶、门套、柱础、围栏等各种室外构件的雕饰；砖料兼有石材的物理性能，但比石材柔软，容易加工，造价低廉，被广泛用于屋檐、门檐、窗檐装饰；木料结合梁柱、楼栏的构造，仅在重点部位进行雕饰。如将梁头雕成鱼尾承托檐檩的“鳌鱼挑”，就是鄂东南常见的做法，与下面雕有狮子绣球的撑栱，共同形成了牢固的构造（图3.2.7.27）；在木枋与挑梁结合部，为了不损害挑梁强度，将出榫的枋头局部减薄，雕出优美的曲线过渡，在挑柱下加木雕柱础，改善楼板的受力性能，都是非常巧妙的做法（图3.2.7.28）；鄂东南古民居非常重视梁柱端部的装饰，常常对蜀柱、月梁、雀替施以木雕，使简单的构造转化为优雅的造型（图3.2.7.29）；有的蜀柱雕刻，将卷草、云纹组合成浪漫的“如意”构图，结构紧凑，楚风浓郁（图3.2.7.30）；屋檐下的砖雕斗栱，既

图3.2.7.27 狮子撑栱鳌鱼挑

图3.2.7.28 装饰结合构造

图3.2.7.29 蜀柱与月梁

图3.2.7.30 如意卷草蜀柱

图3.2.7.31 砖雕如意斗栱

图3.2.7.32 砖雕香案门檐

图3.2.7.33 门墩雕饰

图3.2.7.34 门墩雕饰

图3.2.7.35 文字窗花

图3.2.7.36 水泥预制窗花

图3.2.7.37 直棱窗格

图3.2.7.38 纵横窗格

有装饰功能，也有结构功能（图3.2.7.31）；门檐下的砖雕香案装饰，体现出楚地信鬼好祀的传统，上面挑出的线脚，有承托屋面的功能（图3.2.7.32）；鄂东南的石雕门墩不仅有装饰作用，更有夹门槛、嵌门框、锁海窝的功能（图3.2.7.33）；在鄂东南，匠人充分利用石材性能，常常在同一个构件上施以各种雕刻手法，如大冶市水南湾九如堂的入口门墩，就采用了高浮雕、浮雕、平雕、线刻四种技法（图3.2.7.34）。这里留下的石雕透窗，充分利用石材性能，使窗框和图案形成一个坚固的整体，其中将行书福字上头的笔画，雕成鹿与鹤的造型，隐喻"福禄寿"，是我国文字窗花中少见的案例（图3.2.7.35）；而运用水泥的可塑性，预制复杂的透雕窗花，表现出古代匠人对新材料的敏感，也是仅见的孤例（图3.2.7.36）。

鄂东南古民居的窗格图案，大多采用简洁的直线窗棂，由于没有割断木材的纵向纤维，历经百年仍然相当牢固。简洁的窗格结合下面的槛窗图案，丰富了窗户造型，具有鲜明的地域特色（图3.2.7.37～图3.2.7.42）。采用冰纹窗格（图3.2.7.43）和曲线花芯窗格（图3.2.7.44）的案例不多，由于采用直棱作为基本骨架，也使窗格形成了牢固的构造。少数古民居的窗格图案过于复杂，损毁就较为严重（图3.2.7.45），有的窗格甚至完全脱落（图3.2.7.46）。通山县南林镇石门村长夏畈古民居的窗花，具有吴文化秀雅精工的特征（图3.2.7.47、图3.2.7.48），虽然它们的图案相当复杂，由

图3.2.7.39 方形窗格

图3.2.7.40 单元直棱窗格

图3.2.7.41 错位直棱窗格

图3.2.7.42"万字"直棱窗格

图3.2.7.43 冰纹窗格

图3.2.7.44 曲线花芯窗格

图3.2.7.45 复杂的窗格图案

图3.2.7.46 窗格完全脱落

图3.2.7.47 秀雅精致的窗花图案

图3.2.7.48 格芯与边框之间的连接

图3.2.7.49 整版木雕镂花窗

于格芯与边框之间的连接花饰分布匀称，构造也非常牢固。至于用整版雕镂的花窗，基本上没有对坚固性的忧虑了（图3.2.7.49）。

4．融合的造型

吴头楚尾，毗邻湘皖，使鄂东南古民居的装饰造型呈现出特有的融合性。如从通山县洪港镇江源村一处古民居的透雕栏板中，我们既可以看到古代楚国青铜器的遒劲线条，又能看到清代才出现的随意点缀的写实花叶（图3.2.7.50）；大冶市大箕铺镇水南湾古民居的栏杆残件，还在边柱上雕刻了宝瓶和牡丹，可以说是抽象、写实、谐音、象征多种手法的融合（图3.2.7.51）；该民居的挂落上也可以看到青铜纹饰与写实花叶的结合，并产生了与常规挂落全然不同的收头样式和古树新枝的蓬勃生机（图3.2.7.52）；大冶市大箕铺镇水南湾古民居的木雕屏门图案，花叶造型显然借鉴了西洋的雕刻手法（图3.2.7.53）。从大冶市大箕铺镇水南湾古民居石雕漏窗，可以看出融会抽象、写实、传统与外来元素的痕迹，创造独特楚风的尝试（图3.2.7.54），这栋古民居中的六边形石雕漏窗则将融合创新推向了炉火纯青的境界（图3.2.7.55）。

图3.2.7.50 抽象与写实结合

图3.2.7.51 多种手法融合

图3.2.7.52 挂落构图创新

图3.2.7.53 借鉴外来手法

图3.2.7.54 装饰元素的融合创新一

图3.2.7.55 装饰元素的融合创新二

图3.2.7.56 古道风景

图3.2.7.57 祭奠爱驹

图3.2.7.58 关蝶秀带

图3.2.7.59 林下小憩

图3.2.7.60 随身物件

图3.2.7.61 衔环马缰

图3.2.7.62 马鞍扶手

图3.2.7.63 回望鹿门

图3.2.7.64 喜传佳音

图3.2.7.65 老鼠拖油瓶

5. 古拙的气息

鲁迅先生评价："唯汉人石刻，气魄深沉雄大。"在鄂东南"万里茶道"沿途村镇古民居的墙上，保留着大量拴马石雕刻，它们或取材于茶道风景，或取材于心爱的马匹，或取材于随身物品，都具有古拙的汉风，从这些作品中，我们可以看到汉画像石的简约景象、"马踏匈奴"雕塑的写意技巧，这是重要的历史见证，也是宝贵的艺术遗存（图3.2.7.56～图3.2.7.62）。鄂东南古民居的大量建筑雕饰也具有同样的风格。如"回望鹿门"门墩石雕、"喜传佳音"柱础石雕、"老鼠拖油瓶"柱础石雕、灵动的醒狮雕塑、典雅的"仙鹤传书"石刻镂花窗，都深谙"得意忘形""计白当黑"之妙，造型简约，生动传神，能诱发我们无尽的联想（图3.2.7.63～图3.2.7.67）。

图3.2.7.66 醒狮墙饰

图3.2.7.67 仙鹤传书

图3.2.7.68 浪漫的窗花

图3.2.7.69 残存的雕栏

图3.2.7.70 隔屏透雕

图3.2.7.71 梁头雕饰一

图3.2.7.72 梁头雕饰二

图3.2.7.73“流云托福”隔屏

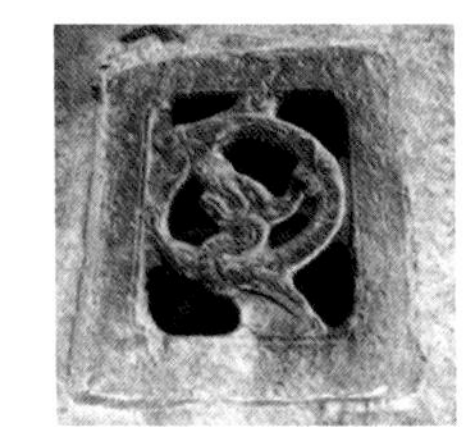

图3.2.7.74 透雕窗花一

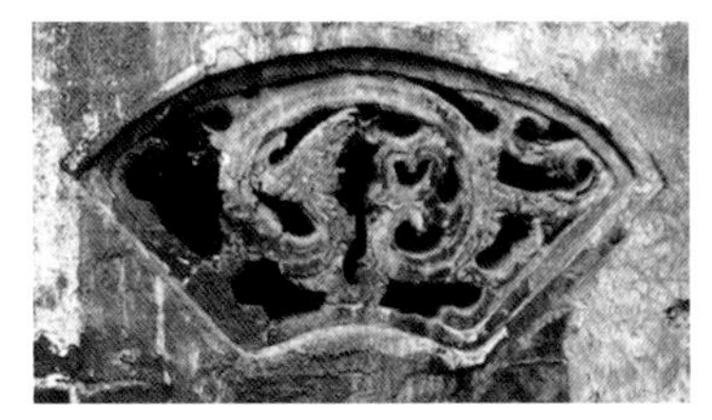

图3.2.7.75 透雕窗花二

图3.2.7.76 奇特的木雕柱墩

图3.2.7.77“喜鹊登梅”透雕撑栱

6. 浪漫的风韵

“灵动浪漫”是楚艺术的根本特征，也是鄂东南古民居重要的装饰特征。这些装饰构图诡谲、线型流畅，具有神秘的荆楚遗风。如大冶市大箕铺镇八流村古民居残存的木雕窗花（图3.2.7.68）和阁楼栏杆（图3.2.7.69），以抽象的造型和古雅的构图，呈现出生动的气韵。大冶市大箕铺镇柯大兴村古民居的雕屏，更体现出飞动流转的浪漫楚风（图3.2.7.70）。鄂东南古民居大量的梁头雕饰，看似与人雷同，实则不拘一格，它们采用非花非叶、非龙非凤的样式，显示出高超的造型能力（图3.2.7.71、图3.2.7.72）。通山县“大夫第”室内隔屏，采用方中见圆的构图，用透空云头花格承托飞翔的蝙蝠，获得令人愉悦的装饰效果（图3.2.7.73）。通山县洪港镇江源村、大路乡吴田村古民居的石雕窗花（图3.2.7.74、图3.2.7.75），构图奇异动感强烈，表现出《楚辞》中“八龙婉婉”的意象。咸安区马桥镇垅口冯村古民居阁楼的木雕柱墩，刻画动物出没的森林景观，奇特的构图表现出超拔的艺术思维（图3.2.7.76）。崇阳县金塘镇畈上村古民居的斜撑，采用“喜鹊登梅”的主题和复杂的透雕工艺（图3.2.7.77）。大冶市大箕铺镇八流村古民居的斜撑，采用了绣球、缠枝花叶、鱼尾的透雕造型（图3.2.7.78）。这些镂空圆雕与透雕相结合的撑栱，不仅具有明确的结构功能，更以浪漫的身姿展现出灵动的荆楚特色。虽然在鄂东南古民居的雕饰中，也有少量偏于繁琐（图3.2.7.79）

图3.2.7.78 绣球缠枝鱼尾撑拱

图3.2.7.79 大厅雕屏

图3.2.7.80 挂落雕饰

或写实的案例（图3.2.7.80），但它们不代表鄂东南装饰的主流，是引进皖、赣建筑装饰的结果，并且通过转化，去掉了过于繁复的层次，变得疏朗松活起来。

鄂东南古民居以梁柱、檐口、门窗、柱础为装饰重点，雕刻山水、人物、动物、花卉与神话传说、世俗风情，不仅具有美化建筑的作用，更给不同纹样赋予特殊的含义，表现出对美好生活的期望。鄂东南古民居的装饰风格，因其特殊的地理条件衍生出兼容并包的融合性特征，因楚文化的深远影响而具有灵动浪漫的特点。上述案例说明，简约奇特是鄂东南民居装饰的基本追求，不仅体现出高度的理性精神，更具有超越现实的浪漫想象。我们学习这些装饰设计的同时，更要体会先辈永不止步的艺术追求，为创造新时代的美好生活服务。

（八）鄂东南古民居景观的特色

鄂东南古民居的景观，以大冶市金湖街上冯村最负盛名，其因存在古祠、古庙、古宅、古树、古井、古碾、古渠、古道、古碑，而享有“九古奇村”的美名。其实这里的“九”，并不局限于上述九种景观类型。我们在村里走上一遭，轻易就能发现十几种景观类型，其中仅古民居就存有三十余栋，据村民说，这里还有古墓一千多座，古树名木更是不计其数。在一个村落集中出现如此丰富的景观类型，不仅在湖北省首屈一指，全国亦不多见（图3.2.8.1 ~ 图3.2.8.15）。

鄂东南古民居的景观特色，大体可分为五个方面。

图3.2.8.1 古村

图3.2.8.2 古祠

图3.2.8.3 古建

图3.2.8.4 古堰

图3.2.8.5 古桥

图3.2.8.6 古树

图3.2.8.7 古根

图3.2.8.8 古井

图3.2.8.9 古碾

图3.2.8.10 古亭

图3.2.8.11 古轩

图3.2.8.12 古道

图3.2.8.13 古阶

图3.2.8.14 古岩

图3.2.8.15 古渠

1.“天人合一”的景观格局

楚人的哲学家老子，提出“人法地，地法天，天法道，道法自然”的哲学理念（《道德经》第二十五章），鄂东南先民深谙“象天法地”的人居景观之道。他们敬畏自然、尊重自然，主动保护山林水体，尽量不占良田好地，在恰当的位置集中布置村镇建筑，从而实现了“天、地、人”和谐共存。这里虽然山峦起伏，但很少像其他地区将大量民居分散建在山上，而多集中布置在山脚的坡地。这种格局的优点非常明显：一是山林景观得到完整保护；二是交通便利，省却了爬山下岭的劳顿；三是能直接取用山泉，利于生产生活；四是留出以稻作为主的洼地，获得了生存的基本保障；五是布局紧凑，便于族人交流和宗族管理。如大冶市金湖街上冯村的水浇地就得到完整保护（图3.2.8.16）。通山县闯王镇的一个村湾，民居沿斜交等高线向上延伸，将村落夹在山体与梯田之间，谦逊地实现了古民居与自然资源的平衡（图3.2.8.17）。阳新县三溪镇木林村枫杨庄，建于平原间低矮的岗地，通过种植环护林带，在村落中心预留开阔的活动场地，在村口开挖大型蓄水池，再造出富有生气的风水格局（图3.2.8.18）。鄂州市龙蟠矶观音阁，将人造楼阁立于完整的矶头之上，运用对比手法彰显人类面对滔滔洪水的淡定与自信（图3.2.8.19）；在迎水面筑造厚实的石坝保护建筑群，表现出对自然规律的尊重，达到人与自然的微妙平衡（图3.2.8.20）。可以说，鄂东南古民居

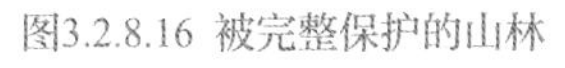

图3.2.8.16 被完整保护的山林

图3.2.8.17 尊重自然的择地

图3.2.8.18 人工造就的风水

图3.2.8.19 展现人的自信

图3.2.8.20 尊重自然的构造

图3.2.8.21 恬静的田园

图3.2.8.22 一带清流绕古镇

图3.2.8.23 昔日的茶船古道

图3.2.8.24 夹河而建的村镇

景观，表现的是一种人与建筑和谐立于天地间的大格局。

2．结合生活的景观结构

鄂东南古民居的景观结构，是在缓慢的农业经济时代，人们结合生产与生活需求，长期与自然磨合的产物，因而具有相当的科学性。如阳新县排市镇下容村的景观，从上到下依次为山体、林带、民居、菜地、道路、水浇地，蜿蜒的道路自然划分出生活区和生产区，是自然条件与生产生活最合理的搭配，也是鄂东南古民居最典型的景观结构（图3.2.8.21）。通山县南林桥镇石门村，原为万里茶道上重要的商贸古镇，布局于山下河流环绕的坪地，将过境道路放在河岸对面，建若干小桥，将镇内街巷与过境道路连通，便于茶叶加工集散，又给村镇创造出良好的亲水性、舒适性和安全性（图3.2.8.22），走在保留完好的高拱石桥下，不禁联想到昔日茶船川流不息的场景（图3.2.8.23）。夹河而建的通山县闯王镇，一边以商贸为主，建筑严整通畅；一边以居住为主，建筑自然灵活；上游建高桥利于船行交通，下游设滚水坝抬高水位，营造亲水条件，景观结构自然合理（图3.2.8.24）。通山县洪港镇江源村，建造在山体与水田之间的坡地上，也是从生产生活出发，自然形成的景观结构（图3.2.8.25）。阳新县三溪镇木林村枫杨庄和鄂东南许多地方一样，将宗祠布局在村落建筑的核心位置，前面留出开阔的公共场地，提供节庆、娱乐、宗族聚会的场所，形成了村落风水的明堂。无论是鄂东南的自然景观，还是村落、街道、商铺等人文景观，都在迥然不同的面貌背后掩藏着合理的内在结构和演化逻辑，都是生产生活的自然载体（图3.2.8.26～图3.2.8.28）。

3．符合生态的景观构造

鄂东南很多古民居景观都具有如诗如画的境界，却找不到一丝人为的痕迹。如阳新县白沙镇梁公铺村临湖的天然岸线（图3.2.8.29）；以远山为背景，浮于莲叶之上，隐于杂树丛中的鄂州市太和

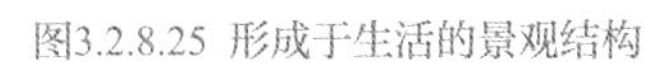

图3.2.8.25 形成于生活的景观结构

图3.2.8.26 村落中心的明堂

图3.2.8.27 街道景观

图3.2.8.28 商铺景观

图3.2.8.29 自然的岸线

图3.2.8.30 莲叶丛林间的村落

图3.2.8.31 山水间的画境

图3.2.8.32 坝体与石滩浑然一体

图3.2.8.33 自然的石岸

图3.2.8.34 自然的卵石铺装

镇上洪村（图3.2.8.30）；通山县通羊镇湄港村位于山水间的画境（图3.2.8.31），无不以近乎天籁的美感而动人心魄。我们的先辈可能并没有打造景观的想法，只是在生产生活实践中将对自然的干预降到最低，却达到了唐代司空图《诗品二十四则・含蓄》中“不著一字，尽得风流”的美学境界。鄂东南古民居的景观构造尽量利用天然材料，如崇阳县白霓镇油市村的“石枧堰”，源自唐代在乱石滩上修建的水利设施，明代得以完善，坝体采用天然石料，与自然景观浑然一体（图3.2.8.32）；大冶市金湖街姜桥村陡峭的河岸，通体采用毛石砌筑，自然留出缝隙，便于虾蟹与亲水植物繁衍，为保持河水的清冽创造了良好的生态条件（图3.2.8.33）；闯王镇宝石村的巷道铺装，取自宝石河的天然卵石，经过数百年风雨侵蚀和人的踩踏，更显得色泽艳丽，光润可爱（图3.2.8.34）；宝石村爬满青藤的古墙（图3.2.8.35），羊楼洞村绿树缠绕的古桥（图3.2.8.36），无不饱含浓浓的乡愁，并对我们今天的乡村景观设计有所启示。赤壁市赵李桥镇的河岸，采用当地产的石料做护岸、阶梯和汀步，岸边的铸铁垂链栏杆，具有清末民初繁华小镇的时代特征，景观构造十分和谐（图3.2.8.37）；无论是刘家桥顺水蜿蜒的驳岸石栏，还是上冯村的原石截流沟和蹬道、朴素的景亭，都达到了“虽由人作，宛自天开”的境界（图3.2.8.38～图3.2.8.40）。

图3.2.8.35 古墙青藤

图3.2.8.36 石桥绿树

图3.2.8.37 河岸景观构造

图3.2.8.38 简洁的自然岸线

图3.2.8.39 自然石阶

图3.2.8.40 景亭

图3.2.8.41 天然潜流井

图3.2.8.42 人工机井

图3.2.8.43 花园水池

图3.2.8.44 井台与石栏

图3.2.8.45 高低双井洁污分流

图3.2.8.46 密集的天井院排水点

4．人水和谐的景观设施

水是生命的起源，也是人类文明的根本保障。在鄂东南古民居中，可以看到对数千年“理水”智慧的传承。如将村镇布置在高山之下、河湖之上，体现了《管子·乘马》中“高毋近旱，而水用足；下毋近水，而沟防省”的智慧；而在村镇中巧妙布置供水、用水、排水体系，使水像人的筋脉一样在大地里流通，也同样出自《管子·水地》中“水者，地之血气，如筋脉之通流者也”的思想。将村镇布置在高山之下，使水系滋养的山林得到完整保护，引入山下的潜流，使生产生活得到基本保障。在通山县通羊镇湄港村废弃的水井内，依然能看到潺潺不息的天然潜流（图3.2.8.41），而通山县大路乡吴田村人工机井（图3.2.8.42）、赤壁市赵李桥镇雷家大院后花园水井（图3.2.8.43），都因为有地下水系滋养而从未干涸。大冶市大箕铺镇水南湾古井，通过抬高井口防止污物流入，又用坚固的石栏隔离暴雨季的洪水，构造简单合理（图3.2.8.44）。阳新县浮屠镇玉堍村的明代青石双井，用矮墙石栏隔离污染，将饮用井放在上游，让流水漫入下面的杂用井，通过暗道汇入低洼的水体或农田。这个用水系统，可以说是既卫生又环保（图3.2.8.45）。鄂东南古民居的排水系统也是很高明的。金湖街门楼村在坡地上建设密集的天井院（图3.2.8.46），实际上是一组组集中的排水点，雨水落入天井，由暗道汇入两侧排水沟。整石铺装的天井两侧，设有隐藏的排水体系（图3.2.8.47）。有的天井周边或两侧设有导流槽，考究的还设有石雕栏杆，防止雨水溅湿通道和墙裙（图3.2.8.48）。天井内的雨水均通过精美的透雕排水口进入排水暗道（图3.2.8.49）。古民居的排水暗道讲究风水，不允许“直破

图3.2.8.47 咸安区刘家桥天井铺装

图3.2.8.48 崇阳县油市村天井石栏

图3.2.8.49 天井一侧排水口

图3.2.8.50 偏院排水道

图3.2.8.51 上冯村古井水道

图3.2.8.52 赵李桥镇石板下排水沟

图3.2.8.53 咸安区刘家桥汀步与泄水坝

图3.2.8.54 咸安区刘家桥

天心”“横切地脉”“斜穿耗气”，其中也蕴含着科学的道理。“直破天心”，指排水暗道贯通建筑中轴线，显然会给主要使用空间留下潮气和冒水的隐患；“横切地脉”，指排水暗道横向贯通建筑内部的庭院或房间，当排水道堵塞时，有反灌的危险；“斜穿耗气”，指排水暗道斜穿庭院或房间时，不仅会影响建筑基础，使建造麻烦，检修困难，更会带来潮气、冷桥与鼠患，破坏房屋的生气。所以，建筑内部的排水暗道一般要隐藏在两侧，通向室外排水明渠；当建筑规模过大时，主排水道会设在偏院一侧，采用石材构造，使其稳定耐久，并局部设置明沟，便于检修（图3.2.8.50）。古民居的主要排水通道，一般设在两栋建筑之间的巷道内，与村落的室外排水管网结合（图3.2.8.51）；较大的村镇会在主街石板路下设排水沟（图3.2.8.52）。所有水体最终汇入自然的河流湖泊或农田（图3.2.8.53）。鄂东南的水景观设施充分体现了“人水和谐”的理念。

5．自然朴素的景观建筑

与场所自然协调，是鄂东南古代景观建筑的特点之一。如咸安区刘家桥，下设一高拱便于行船，一头衔接对岸通道，一头与沿河街市形成丁字形格局，桥头墙面设拱门，白墙黑字，昭示性极强（图3.2.8.54）。大冶市金湖街姜桥，跨越镇区核心东西向河流，将东立面敞开，吻合楚人“尊东”的习俗；西立面中间设一堵实墙遮挡西晒，与下面的拱洞形成有趣的虚实对比；上书一个“和”字，堪称与场所协调的构思（图3.2.8.55、图3.2.8.56）。尽量采用地产材料，是鄂东南古代景观建筑的特点之二。咸安区刘家桥用自然原石垒拱，统一上面的构图元素，高起的硬山墙和两坡屋面之间，由空花砖墙和较低的美人靠组成不对称构图，极质朴，极洒脱，颇有庄子之风（图3.2.8.57）。还有一些古桥（图3.2.8.58、图3.2.8.59）、亭轩（图3.2.8.60～图3.2.8.62）及道路挡墙设施（图3.2.8.63），虽构图简洁、用料朴素，却能与环境融为一体。在通城县天岳关抗日战争无名烈士墓发现一座全石结构纪念亭，单栱挑梁层层托搭，构件简洁、加工精到（图3.2.8.64、图3.2.8.65），其他纪念设施采用相同材料，风格肃穆（图3.2.8.66、图3.2.8.67），表达出朴素的景仰之情，颇有借鉴价值。

图3.2.8.55 大冶市金湖街姜桥西立面

图3.2.8.56 姜桥“南迎”立面

图3.2.8.57 刘家桥立面

图3.2.8.58 上冯村古桥

图3.2.8.59 雷家大院残桥

图3.2.8.60 上冯村草亭

图3.2.8.61 上冯村木构碾亭

图3.2.8.62 崇阳县畈上村竹轩

图3.2.8.63 乱石挡墙与石板道

图3.2.8.64 天岳关石亭

图3.2.8.65 石亭构造

图3.2.8.66 墓园石雕入口

图3.2.8.67 烈士纪念碑

鄂东南古民居景观，从布局、层次、构造、体系和造型，都体现出自然朴素的审美情趣，从而能勾起我们的无尽乡愁。老子说：“朴虽小，天下莫能臣也。”反观今天的景观设计，似乎一定要在环境中加些“亮点”，而这些亮点几乎都是从外面“考察”来的，结果与场地环境格格不入。模仿城市景观，用混凝土硬化水岸、采用单一的行道树、设置规整花池的做法，更比比皆是。如何保护我们祖先留下的自然朴素、宛如天籁的农业景观，值得深思。

（九）鄂东南古民居文脉的梳理

中华文化的核心脉络是“文以载道，以文化人”。鄂东南古民居和我国其他古民居一样，既要营造生活空间，还要传承优秀的文化理念和家族传统，体现教化功能。数千年农业文明和长期以儒学为正统的教化体系，培育了中国的“耕读文化”传统，体现在鄂东南古民居的基本内容如下。

1．孝悌为本

孝悌居于“孝悌忠信礼义廉耻”八德首位，认为只有孝长亲幼，才会兼爱众人，达到仁爱境界。于是，“孝悌”成了鄂东南祠堂的文化主题，如大冶市金湖街姜桥村左氏宗祠的厅堂，就高悬着“节孝可风”“似续妣祖”的牌匾（图3.2.9.1）；阳新县浮屠镇玉堍村李氏宗祠，在“爵耦龄稀”匾两边的木柱上，刻有“祖泽长流礼乐诗书先人燕翼须发扬光大；家声勿替衣冠文物后裔蝉联要继往开来”的对联，表达怀念与崇敬祖先之情，追思功绩，勉励后人（图3.2.9.2）；室内有“仙根畅衍”“祖德流芳”等多块牌匾，其中的“嵊岭高风”，本指浙江嵊岭高尚的门风，应当是对先祖的怀念（图3.2.9.3）。通山县大路乡吴田村“大夫第”祖堂过厅的“淑德流芳”“耋耋流辉”，则是对祖先美德的赞颂（图3.2.9.4）。

2．崇尚道德

孔子说“朝闻道，夕死可矣”，把追求真理、培育美德放在首位，形成了崇尚“克己崇礼、舍生取义、舍己为人”的社会风尚。阳新县王英镇大田村伍氏宗祠的“公忠二毂”匾，将祖先“恪尽职守、忠君爱国”的美德，比喻为行稳致远的两个车轮（图3.2.9.5）；“世德发祥”匾，则把传承祖先美德作为家族兴旺祥瑞的根本（图3.2.9.6）。通山县大畈镇白泥村谭氏宗祠内的“德隆昌炽”匾，既是对家传美德的赞颂，也是美好的愿景（图3.2.9.7）。

3．自强不息

汉魏至东晋，琅琊王氏鼎盛中原。通山县洪港镇江源村古民居采用“琅琊振业”门匾，其一是说明其祖籍，其二是勉励后辈重振家风（图3.2.9.8）。九宫山镇中港村周家大屋，居住着三国名将周瑜的后代，祠堂入口门匾上书“赤壁遗风”，显然是为了激励后人（图3.2.9.9）。白霓镇纸棚村包家大屋是包拯后裔的住所，门匾上书“龙图衍庆”，充满对祖先“包龙图”除暴安良伟业的敬意，

图3.2.9.1 推崇“节孝”牌匾

图3.2.9.2 激励后人长联

图3.2.9.3 怀念先人牌匾

图3.2.9.4 赞美先人牌匾

图3.2.9.5 道德警言牌匾

图3.2.9.6 美好期冀牌匾

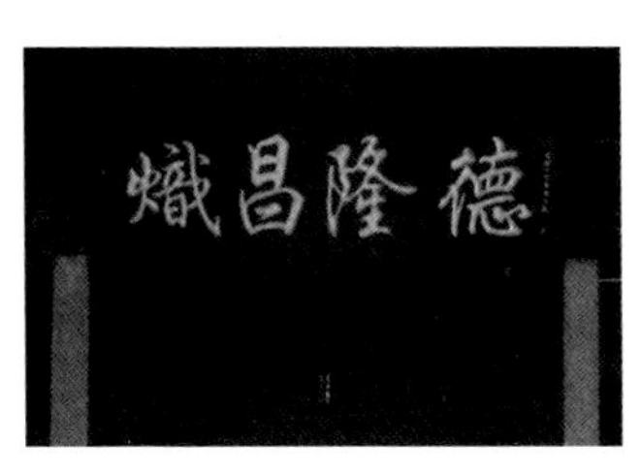

图3.2.9.7 重振家风牌匾

图3.2.9.8 琅琊后人祠堂

图3.2.9.9 周瑜后人祠堂

图3.2.9.10 包拯后裔居所

图3.2.9.11 故事施教牌匾

图3.2.9.12 古代名士牌楼

对传承廉洁清正品行的信念（图3.2.9.10）。我国著名历史故事“画荻教子”，讲的是北宋欧阳修4岁丧父，家庭贫困，母亲只好用芦秆代笔在沙上教他写字，最终成就了在政治和散文创作上取得巨大成就的欧阳修。通山县洪港镇江源村古民居祖堂题匾“胆获教严”，就是用这个故事来激励后人（图3.2.9.11）。通山县宝石河南岸，至今矗立着一座厚实的石雕牌楼。明万历十一年（1583年），时年21岁的舒宏绪考中进士，官仅五品，却以“弹劾权威，直声著于当时”，颇受朝廷器重，天启皇帝按卿大夫规格御赐“太史第”牌楼。“天垣补衮”匾，赞扬他敢于抗净权贵、辅佐帝业。对联“敢谏易储翼赞忠忱昭日月，匡行豫教庭净直气贯斗牛”叙述他谏言改立储君、改革教育的历史事实，表现出“居庙堂之高则忧其民”的赤胆忠心。背额“正色立朝”系明代河南道御史郭维贤题（图3.2.9.12）。

4．克勤克俭

在鄂东南古民居中，多处可以看到“耕读传家久，诗书继世长”的对联。如通山县大路乡吴田村“大夫第”大厅内有一副对联：“继先祖一脉真传克勤克俭，教儿孙两条正路惟读惟耕。”践行“耕读结合”，在繁重的农业劳动之余挑灯夜读，是农耕时代很多底层民众的生存状态，更是求实进取的生命价值追求。以“耕”求五谷丰登，养家糊口，安身立命；以“读”求知书达礼，修身养性，立德为人。诸葛亮《前出师表》中“臣本布衣，躬耕于南阳，苟全性命于乱世，不求闻达于诸侯”就是这种生存方式的写照。咸安区马桥镇垅口冯村，居住着北宋翰林学士冯京的后裔，村中四栋古民居的题匾饶有深意：以“凌云第”（图3.2.9.13）瞻望先祖冯京连中三元的才情；以“当世第”（图3.2.9.14）告诫家人不要吃老本，要立足现实，开拓创业；以“瑞锦传芳”（图3.2.9.15）勉励后人，将祖先的美德发扬光大；以“四德家风”（图3.2.9.16）说明兴旺发展的根本，是传承“孝、悌、忠、

图3.2.9.13 凌云第

图3.2.9.14 当世第

图3.2.9.15 瑞锦传芳

图3.2.9.16 四德家风

图3.2.9.17 瑜谨书院对联

图3.2.9.18 葛家大屋门楣榜书

图3.2.9.19“蹈和”门匾

图3.2.9.20 山地连㢟

信”四种美德。赤壁市赵李桥镇羊楼洞村雷家大屋瑜谨书院，两侧对联“立德笃行本心须兀兀，读书论道着意在无无”传达出谨言慎行、踏实做人，忘却名利、勤奋读书的理念（图3.2.9.17）。

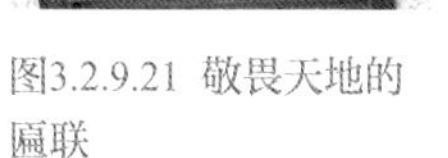
图3.2.9.21 敬畏天地的匾联

图3.2.9.22 感恩天地的对联

5. 天人合一

古代楚国是道家哲学的发源地，老子“天人合一”的哲学理念在鄂东南深入人心。通城县麦氏镇许家湾居住着道教创始人葛洪的后裔，这里的葛家大屋不仅建筑造型古拙，更将老子的“抱朴”理念榜书在门楣之上，引为家风（图3.2.9.18）。通山县大畈镇白泥村谭氏宗祠侧门上方的“蹈和”门匾，表现出道家的处世原则（图3.2.9.19），院内石刻的“山地连㢟”，更表现出天人和谐的思想（图3.2.9.20）。赤壁市赵李桥镇雷家大屋客厅，高悬“乾坤正气”牌匾，两侧对联为“圣德覆群生鸿庥普佑，神威震华夏正气钟灵”，表现出对自然力量的敬畏之情（图3.2.9.21）。大冶市金湖街上冯村古民居的对联为“传承灵泽千秋颂，启迪侵昆万世荣”，其中的“灵泽”，有天降喜雨、君王恩泽、祖先恩德多重含义，最早出自《楚辞·王逸·九思·悯上》：“思灵泽兮一膏沐，怀兰英兮把琼若。”其中的“侵昆”，指家族的杰出人物。整副对联表现出对天地万物的感恩之情（图3.2.9.22）。

6. 协和万邦

聚族而居是农耕文明的特点，“孝悌”即敬长爱亲，是维系家庭伦理、建构宗法秩序的核心。但最终目的，是由“亲亲”升华为“仁爱”，就是“宽恕”“爱众”“爱物”的情怀，从而达到个体与家庭、与国家、与天下、与自然的和谐。在赤壁市赵李桥镇羊楼洞村雷家大院，招待客商的院落入口有一副对联：“松涛竹栏画入羊楼，峰回路转别有洞天。”深切的理解、殷殷的深情与别致温馨的后花园景色结合，让辗转千里、远道而来的客商，顿有宾至如归之感！门匾上的“川流不息”，不就是当年万里茶道繁盛景象的概括吗（图3.2.9.23）？而在离开商船登上码头的羊楼第一门上，“唐宋以来羊楼三泉酽醉千年，东西口外洞庄川字飘香万里”的对联，更是对“千年羊楼发展史，万里欧亚黑茶香”的浓缩写照（图3.2.9.24）。羊楼洞的文化，让我们看到了鄂东南人“协和万邦”的胸襟和能力。

图3.2.9.23 招待客商的入口

图3.2.9.24 羊楼洞门楼对联

图3.2.9.25 槽门主入口

图3.2.9.26 墙门次入口

图3.2.9.27 墙门次入口

图3.2.9.28 书院匾额

图3.2.9.29 水南湾“九如堂”

图3.2.9.30 享堂匾额

7. 归隐情怀

很多古代知识分子远离官场，陶然于自然山水，追求悠闲自在的生活。阳新县排市镇下容村阙家塘的李家大院，就体现出这种归隐的情怀。这栋庞大的古民居长逾百米，宽达20余米。主入口槽门匾额上书“盘谷风清”（图3.2.9.25），左右两个次入口匾额分别为“峦屏锦绣”（图3.2.9.26）和“崇岩毓秀”（图3.2.9.27），均表达出寄情山水的生活理想。赤壁市赵李桥镇羊楼书院的对联，“天地流风吟赤壁，江湖夜雨煮青砖”表现出领略自然的茶道与书道理念（图3.2.9.28）。大箕铺镇水南湾古民居的九如堂，堂名出自《诗经·小雅·天保》，用“如山、如阜、如冈、如陵、如川、如月、如日、如南山之寿、如松柏之茂”表达对君王的祝福，转化到民居中，成为追求多德、多福、多寿的极致表达（图3.2.9.29）。咸宁市通山县大畈镇白泥村谭氏宗祠，将祖祠前的享堂命名为“万松堂”，跳出传统忠孝节义的窠臼，展现出浪漫超脱的自然情怀（图3.2.9.30）。

若追寻鄂东南古民居文化渊源的久远，则以通城县麦氏镇许家湾为最。村中戏楼上“高望葛天”的牌匾，讲的“葛天氏”是三皇时期“袭伏羲之号”的帝王，又是我国音乐、歌舞的始祖（图3.2.9.31）。谈到最直白的文化表现，则属阳新县浮屠镇玉堍村李氏宗祠戏楼上方的“曲奏梨园”牌匾（图3.2.9.32），以及通山县大畈镇白泥村谭氏宗祠戏楼上方的“响遏行云”题词（图3.2.9.33），直接表述戏楼的活动内容和社会影响。谈到文化的包容性，则不能漏掉集儒、释、道于一体的鄂州市蟠龙矶观音阁。阁内有长联为证：“观音从大宋徐来，点渚作座莲，看黛瓦粉墙，挑角飞檐，气势威雄，释道儒仙同宇殿；江水自高原直下，摧楼留首阁，忆斜阳帆影，悬波挂浪，岿然不倒，龙矶船石砥中流。”其侧门“小蓬莱”门匾，源于道教仙境的传说，却配上了“喜古阁重光钟磬声中正大江东去，引春风数度蟠龙石上恰佛法西来”的对联，凸显佛道合一的内涵（图3.2.9.34）。若谈到表现文化的地域特征，则以大冶市金湖街姜桥村最为鲜明。在“姜桥街”入口牌楼两侧的立柱上，有表达荆楚文化渊源的对联（图3.2.9.35）：“朝迎龙角，夕送鹿头，卯时景色无双镇；月湛

图3.2.9.31 远古追忆

图3.2.9.32“曲奏梨园”牌匾

图3.2.9.33“响遏行云”题词

图3.2.9.34 佛道合一的匾联

图3.2.9.35 姜桥村入口牌楼

图3.2.9.36“南迎”牌匾

图3.2.9.37“北拱”牌匾

图3.2.9.38 姜桥东立面

金湖，日飞铜海，三楚源流第一桥。”村内的核心景观“姜桥”，更在南北两端高悬“南迎”(图3.2.9.36)、“北拱”牌匾(图3.2.9.37)，表达谦恭的待客之道；按照楚人“尊东”的习俗，廊桥主立面向东开放(图3.2.9.38)，西立面影壁的中央塑有一个红色的“和”字(图3.2.9.39)，把楚地贯通东西、“融会南北、唯我独中”的地理位置和楚人“兼容并包、追求卓越”的哲学精神表现得淋漓尽致。

图3.2.9.39 西立面与“和”字影壁

南北朝学者刘勰在《文心雕龙》中提出：“文之为德也大矣，与天地并生者。”认为“文”的范畴包括天地万象，涵盖人间百态，自然也包括建筑本体。鄂东南古民居的文化表现，就建筑本体而言是隐性的，文化的显性表达主要体现在建筑的匾额与对联。在我国古民居的建造中，总是将匾联放在最显眼的部位，既反映出房屋主人理想与心愿，更具有突出的教化功能。随着社会步入科技和工商文明时代，建筑文化必然有所发展。传统耕读文化中“孝悌为本、崇尚道德、克勤克俭、天人协调、自强不息、协和万邦”的内涵，对我们今天诚信为人、爱国爱家，踏实工作、努力进取，通达礼义、和谐万邦，提升境界、发展事业，克勤克俭、爱护生态，仍然具有重要的现实意义。宋代学者周敦颐在《通书·文辞》中说：“文所以载道也。轮辕饰而人弗庸，徒饰也，况虚车乎。”认为没有思想的文章像一辆空车，车轮、扶手装饰得再美也没有用。在偏重物质效益的当今社会，如何让物化的建筑体现优秀的文化内涵，是摆在我们面前的重要课题。

附录 | Appendix

传统民居名词解释

1　一明两暗

指中间为明间、两侧为暗间的三开间民居建筑，湖北人将面向街道开门的称为明间，面向内部的称为暗间。

2　钥匙头、撮箕屋

在三开间正房的左侧或右侧伸出一间厢房，因平面状如钥匙，故称“钥匙头”。江汉地区描述为“厂字形”或“曲尺形”，两侧各加一厢房的称“撮箕屋”。

3　披檐

指依附于主体的单坡建筑。

4　廊屋、廊院、三合院、塞口屋

廊屋指主要建筑前带檐廊的房屋，三面廊屋围成的院落称廊院。两侧设廊庑或厢房，前面以门楼围墙连接的三合院称“塞口屋”。

5　天井、天池

指房屋中间露天的空地，因四面为房屋或高墙，面积较小，望天如坐井，故名。湖北的天井有前厅后堂夹厢房、三面房屋一面墙、前后房屋两侧墙、结合檐廊和堂屋门斗等多种布局，以及方、长方、八角等多种形式。天井常铺以砖石，周边为通道，中间下沉搜集雨水的部分称为“天池”。天井解决了低层高密度建筑的采光通风问题，适应湖北冬冷夏热的气候。湖北民居中有的天井达到三进之多。

6　天斗

指天井上方的顶盖，天斗解决了天井的防雨防雪问题。天斗上装亮瓦，四周设雨水管，有的还在天斗下檐与建筑屋面之间安装活板窗，冬季关上御寒，夏季开启通风，改善了室内的微气候。“天斗”在各地叫法不同，鄂东南称“天斗”，鄂西北称“天棚”或“抱亭”。

7　四水归堂、双檩双挂

四水归堂是具有南方特色的四合院，周边建筑与屋面相连，坡向天井的屋面雨水流入院中，俗称“四水归堂”，建筑开间多为三间或五间，每间面阔3～4米，进深五檩到九檩。入口门厅设双排立柱，两道门，用以挡风和遮蔽视线，称“双檩双挂”。第一进天井的正面常为敞口的过厅，与后面的天井连通。

8　抬院式

指结合地形逐步升高的天井式院落布局。

9　阁楼

指单层坡屋面建筑室内上方搭建的储物空间，一般不设楼梯，采用活动木梯上下。

10　转角楼

指在天井四周二楼设环廊的建筑做法，二楼的空间可以居住，又称“走马楼”。

11　街屋

指村镇街面上商居结合的建筑，又称“店宅”，采用前店后厂或前店后宅的布局。通常立面的门或柜台的窗可以摘卸，便于经营。

12　檐廊

指建筑檐柱与老檐柱之间的通廊，多设于入口和两厢，也有设内外回廊的。

13　街廊

指商铺临街的檐廊，一般由木柱承檐，并在两侧承檐的山墙开门洞，便于相邻商铺之间通行。

14　穿廊

由街面直通内天井的连廊，开业时关闭，歇业时便于通行。

15 厢廊

连接天井、穿越厢房的廊道。

16 廊桥、风雨桥

指建有亭廊的桥梁，因可避风雨，又称风雨桥。湖北的廊桥没有复杂的造型，但设有座凳、靠椅、栏杆等，具有朴素的格调。

17 穿斗式构架

穿斗式构架是一种以穿枋连接立柱、以柱直接承檩的木结构形式，优点是能用较细的木料建较大的房屋，构造的整体性好。缺点是柱子多，建筑室内被排架分隔，不能形成贯通开间的大空间。

18 抬梁式构架

指立柱抬驼梁、驼梁上设瓜柱抬小梁、层层叠造的木结构形式，又称“减柱造”。抬梁式构架的优点是能在建筑室内形成较大的使用空间。

19 插梁式构架

插梁式构架是穿斗式构架的变体，通过在柱间的插梁（木穿）上骑柱的方法减少落地柱数量，获得较大的室内空间。

20 组合式构架

指穿斗式、插柱式与抬梁式结合的构架。一般将抬梁式或插梁式构架作为中间构架，穿斗式构架作为两山构架。组合式构架具有室内空间大、结构稳定的特点。

21 瓜柱

指上下梁之间或脊檩下的短柱，又称“童柱”。

22 撑栱、木撑、木挑、二挑

“撑栱”又叫“斜撑”，是檐柱和挑梁之间的斜木构件，在檐柱和挑梁之间形成三角形的稳定构造，增加屋面出挑，防止挑檐下坠。有的湖北民居将撑栱演化为大型的斜向“木撑”，使二层建筑挑出，或增加屋面的出檐深度。“木挑”指从檐柱上方或墙体上方伸出的挑梁。有的建筑在两层木挑之间加短柱和撑栱，使出檐达到两个步架，即为二挑。

23 雀替、托木

指立柱与梁枋结合处下面的横木构件，能减小梁枋对立柱的剪力，加强构件之间的联系。湖北民居的雀替一般不像北方建筑那样做复杂的雕饰，但讲究轮廓变化，具有朴素天真的趣味。

24 鳌鱼挑

湖北民居常在檐柱与挑檐檩之间设木挑，增加出檐深度，有的木挑形体硕大，并雕刻成精美的鱼尾形，颇有楚文化浪漫的遗风。

25 月梁

湖北民居常将老檐柱与檐柱之间的连梁做成“新月”状，梁肩呈弧形，梁底略上凹，称“月梁”。月梁外观秀巧，侧面常有雕饰，成为精美的露明装饰。

26 悬山顶

指悬伸在山墙外面的两坡屋顶，由于檩条伸到山墙以外，屋面处于悬空状态而得名。穿斗构架加悬山顶，是鄂中、鄂南、鄂西南民居中最常见的建筑形式。为了保护墙面，鄂西南民居常在山墙的木挑上加立柱，承托较大的悬出屋面，有的还在木挑上铺木板，作为晾晒平台，使建筑立面取得变化。

27 硬山顶

指山墙平于或高于两坡屋面的形式。硬山建筑是鄂西北民居中最普通的样式，湖北民居最美丽的马头墙和墀头造型就蕴藏在这些建筑之中。

28 歇山顶、司檐、龛子

歇山顶有九条屋脊，是悬山与庑殿结合而成的屋顶样式，在封建时代，级别仅次于皇家建筑的庑殿顶，湖北民居较少采用。鄂西南的吊脚楼，在悬山下加单坡屋面，作为下面挑台的雨披，类似歇山做法，称为“司檐”。在挑台和司檐之间设围护结构，形成的房间称为“龛子”。

29 双重檐

一般重檐用于单层的庑殿或歇山建筑，以增加美观。湖北民居用两面山墙夹双重檐，重檐间设小窗，可有效遮挡日晒，保护立面不受雨水冲刷，改善阁楼的通风采光条件，消解大屋檐的笨重感。

30 亮瓦

湖北民居多用小青瓦盖顶，其中间置透光的玻璃底瓦，称为亮瓦。单块点缀的，多用于房间；排列成行的，多用于厅堂，一般为三至五列，每列三片；成片的，常用于天斗。

31 翼角、脊翼

翼角指建筑坡屋面合角起翘部分的构造，脊翼指正脊两端的收头构造。湖北民居的翼角和脊翼延续楚文化的传统，常做成优美的凤鸟造型。

32 马头墙、封火山墙、云墙

因硬山墙的墙头改变顺坡走向，平出起翘，建筑轮廓出现生动的变化，状如奔马昂首，故名马头墙。湖北民居的马头墙不像徽派建筑一律做成跌级的样式；“封火山墙”又称防火墙，一般高出屋面二至六尺，常采用跌级式；“云墙”是最具有楚风的样式，多用于祠堂等公共建筑，优美的曲线远远望去，如天边祥云，仅为满足浪漫的审美需求，民间又称“猫拱背”或“拱龙脊”。还有许多将云形、银锭形、官帽形、一字形、人字形、跌级式等多种山墙组合成优美天际线的实例。山墙的美，是湖北民居的一大特色。

33 墀头

山墙上部前凸的部分称为墀头。墀头由下肩、正身、盘头和戗檐组成。下肩指山墙上部的初始挑出部分，正身是墀头的重点装饰部分，盘头常以多层线脚挑出，并与上面的戗檐衔接。湖北民居的墀头，常将正身部分凹入，中间嵌入动物、花鸟和各种立体造型，有的还加彩绘，其种类的丰富和造型的精美，在我国民居建筑中是首屈一指的。

34 槽门

因开门的明间凹入，故称槽门。槽门多位于“一明两暗”建筑的中间，也有位于两间一侧的。大宅的入口多为槽门，并列六间以上者，设多组槽门。湖北民居的槽门有内凹、外凸、檐廊、山墙夹门、山墙夹挑台等多种变化，有的槽门为了面向祖山或好的风景朝向，偏转门乃至外墙的角度，体现亲和自然的传统。

35 匾额

指悬于古建筑门屏上撰文的牌匾，表达经

义、感情类的属于匾，表达建筑名称和性质类的属于额。也有一种说法认为，横着的叫匾，竖着的叫额。

36 门楣、明枋、暗枋

门楣指正门上方门框上部的横枋。明枋位于前方，一般都有考究的雕饰；暗枋位于内侧，不做雕饰。

37 门檐、窗檐

指在门窗洞口上面贴建的单坡或三坡屋檐，有垂花柱、贴墙垂柱、灰塑砖柱、灰塑檐口披瓦等多种做法。

38 花窗

指外形和图案美观的窗型，既有采光、透景、防卫等实用功能，又能美化环境。外框分为几何形、仿真形、自然形三类；窗芯和窗格图案变化无穷。湖北民居的窗形以矩形为主，有多边形、圆形的变化，不像北方那样整肃，不如苏杭那样多变，没有闽粤那么写实，往往在简朴的格局中寻求灵动的变化，偶用雕饰，也以模仿青铜纹饰为主，不失简雅的风范。在高大的砖墙中嵌入精致的石雕小窗，也是湖北民居的特点之一。

39 挂落、挂落飞罩

“挂落”指建筑枋下的镂空花格或雕花板，“挂落飞罩”与挂落很接近，只是与柱相联的两端下垂，高度较低，呈拱门状，是湖北民居常用的装修形式。挂落飞罩的拱门有方、圆、八角、曲线形等多种变化。

40 门枕石、抱鼓石

“门枕石”是建筑门框下的石构件，伸入门内的石面上凿圆孔，以承门轴，门外的部分做成成对的抱鼓石或门墩，既有稳定抱框与门槛的作用，又能衬托入口造型。湖北民居的抱鼓石选材考究，雕刻题材广泛，其中以凤纹和具有楚风的仿青铜纹饰最为古雅。

41 柱础

指置于基础之上承托柱子的石构件，下部埋在地面以下，露明部常做各种造型和雕饰，有加大柱脚承重面积和防腐、防潮功能。湖北民居的柱础有鼓形、瓶形、多面体等多种样式，雕饰图案以龙凤云水、花鸟鱼虫为主，也有麒麟狮子和宗教题材。常常通过浮雕与透雕结合、写实与抽象结合，表现楚文化的空灵与浪漫。

42 太师壁

指大户人家厅堂主墙面的木隔断，通常位于明间后侧的金柱之间，下设香案，上悬匾额、中堂和对联，两侧有门洞联系后部空间。

43 鼓皮

指室内的木板隔墙，敲之砰砰作响，好似打鼓，故名。

44 挂墙

指在木构架之间填砌的极薄的砖墙，用抓钉在砖墙两端横向的灰缝与木柱之间衔接，称为挂墙。

45 墙倒屋不塌

江汉平原的许多民居，为抵御洪水侵袭，在穿斗构架之间填充“挂墙”和“鼓皮”，这种构造形式又称为“墙倒屋不塌”。

46　灰塑

是以草筋石灰或纸筋石灰为材料，以嵌砌的砖块、筒瓦为支撑，在建筑上塑造立体造型的传统工艺。湖北民居的灰塑工艺主要体现在墀头和屋檐上，常配有彩绘。

47　檐画

湖北民居常在墙体上部、檐口之下，或沿马头墙轮廓做白灰剪边粉刷，并施以彩绘。颜色以白底、水墨、赭红、花青、明黄为主，俗称“雅五墨”。题材多为植物花鸟和几何图案。檐画常常与灰塑结合，强化了灰色清水砖墙的轮廓，使得建筑更为精美雅致。

48　银滚边装饰

鄂东南古民居，常在建筑立面与山面的檐下做一圈白灰粉边，结束于墀头部分，粉边上常有精美的檐画和灰塑檐口；有的建筑还将粉边内转，在山墙上塑成优美的植物或卷云图案。它不同于其他地方的“银包金”，称之“银滚边”还是比较恰当的。

致谢 | Acknowledgements

借本书付梓之际，向所有支持和帮助过我们的人表示衷心感谢!

首先，感谢中南建筑设计院股份有限公司领导的鼓励和支持，为我们提供了良好的研究环境，使本书的写作得以顺利进行。

其次，感谢湖北省政府文史研究馆的领导和专家，他们始终支持，并直接参与了湖北省古民居的调研工作，为本书的写作提供了很好的建议和帮助。感谢湖北美术学院、武汉设计工程学院的老师和同学们，为本书提供了重要的第一手资料，使本书的内容更加翔实。

还要感谢中国建筑工业出版社的工作人员，他们为本书提供的宝贵建议和严谨的校对审核，使本书得以完美呈现。

最后，感谢我们的家人，不仅为我们的写作提供了必要的支持，他们的理解和鼓励更是我们克服研究中的困难、坚韧前行的动力。

谢谢大家!

审图号：鄂S（2024）019号
图书在版编目（CIP）数据

湖北古民居传承与创新研究. 第一卷，鄂东南古民居/
中南建筑设计院股份有限公司编著；郭和平，吴双著
. —北京：中国建筑工业出版社，2024.9
ISBN 978-7-112-29893-8

Ⅰ.①湖… Ⅱ.①中… ②郭… ③吴… Ⅲ.①民居—
古建筑—建筑艺术—湖北 Ⅳ.①TU241.5

中国国家版本馆CIP数据核字（2024）第106256号

责任编辑：刘　静　刘　丹
书籍设计：锋尚设计
责任校对：赵　力

湖北古民居传承与创新研究　第一卷　鄂东南古民居
中南建筑设计院股份有限公司　编著
郭和平　吴　双　著
*
中国建筑工业出版社出版、发行（北京海淀三里河路9号）
各地新华书店、建筑书店经销
北京锋尚制版有限公司制版
北京富诚彩色印刷有限公司印刷
*
开本：880毫米×1230毫米　1/16　印张：12¾　字数：321千字
2024年8月第一版　2024年8月第一次印刷
定价：**158.00**元
ISBN 978-7-112-29893-8
（43058）